Stefan Schwarz

Fiese Viecher

aufbau

STEFAN
SCHWARZ

Fiese Viecher

Der kleine Gartenversager
gegen tierische Trolle und
flegelhafte Pflanzen

Mit Illustrationen
von Katharina Greve

aufbau

MIX
Papier | Fördert
gute Waldnutzung
FSC® C083411

ISBN 978-3-351-04233-2

Aufbau ist eine Marke der Aufbau Verlage GmbH & Co. KG

1. Auflage 2025

www.aufbau-verlage.de
10969 Berlin, Prinzenstraße 85

Bei Fragen zur Sicherheit unserer Produkte wenden Sie sich bitte an produktsicherheit@aufbau-verlage.de.
Umschlaggestaltung zero-media.net, München
unter Verwendung einer Illustration von © Katharina Greve
Satz LVD GmbH, Berlin
Druck und Binden CPI books GmbH, Leck, Germany

Printed in Germany

Für Katja

Inhalt

Vorwort oder Wie ich ungewollt zum Buddhisten wurde

Ein Zen-Garten ist kein Zen-Garten. So viel ist mal klar.

Wenn ich im Fernsehen japanische Mönche sehe, wie sie mit ihren hölzernen Rechen bedächtig über den Sand fahren, um Kreisel und Kringel um irgendwelche Steine zu harken, muss ich lachen. Das ist kein Buddhismus. Das ist ein Witz.

Wenn Sie dagegen blaue Traubenhyazinthen im Kleingarten haben und diese überall und aus der kleinsten Ritze hervorschießen, und zwar sogar dort, wo Sie gestern alle ausgegraben zu haben meinen, und Sie trotzdem einfach weiter Hunderte und Aberhunderte kleine, sehr kleine, fast schon nicht mehr zu erkennende Traubenhyazinthenknöllchen mit einer infantilen Schippe ausbuddeln, obwohl Ihre Knie in der ungewohnten Hocke schmerzen und Ihre Hände rissig sind wie ein ausgetrockneter Schlammtümpel im Okavango-Delta, dann sind Sie Buddha! Der Buddel-Buddha!

Weil Sie, ungerührt von der Vergeblichkeit Ihres

Tuns, weiterbuddeln, auch wenn sofort wieder neue Traubenhyazinthen aus den freigekratzten Ritzen hervorschießen, während Hunderte von Ihrem Schweiß angelockte Gnitzen sich in Ihre Unterarme verbeißen, um wahre Pestpusteln auf der Haut zu hinterlassen. Weil Sie »stabil«, wie die jungen Menschen heute sagen, das Bild vom Garten, das Ihnen vorschwebt, in die lebende Erde graben, obwohl sich plötzlich Dutzende Junikäfer, diese komplett irren, fliegenden Hartschalenkoffer, auf Sie stürzen, um sich in Ihren Haaren zu verfangen, oder noch besser in Ihr T-Shirt oder in Ihre Hose zu rutschen, um Sie zu einem wilden Veitstanz zu veranlassen, in dessen Folge Sie sich unter den verstörten Blicken Ihrer Gartennachbarn fast ganz entkleiden. Weil Sie einfach weitermachen, was immer die Natur auch an Belästigung durch fiese Viecher und flegelhafte Flashmob-Pflanzen gegen Sie aufbietet. Wohl wissend, dass das schöne Bild vom Garten schon in dem Moment vergeht, in dem Sie es das erste Mal genießen. Im Vergleich dazu sind die nur zum Fortblasen erschaffenen Sandmandalas der tibetischen Lamas eine wahrhaft dauerhafte Sache.

Und um den Buddel-Buddhismus im Zen-Kleingarten noch auf die Spitze zu treiben, wird die Natur immer lebendiger, je schöner das Klima wird. Alte

Gartenfreunde berichten mir, wie sie zum Teil Tage und Wochen Freude an ihrem Garten hatten, wo heute alles in Stundenfrist neu bewuchert wird.

»Das Grünzeug war gemächlich früher«, sagte mir mal Opi Powileit, »heute wächst alles, als gäbe es kein Morgen!« Schuld daran ist nicht nur die Treibhausluft, sondern auch die Vermehrung besonders vermehrungsfreudiger Arten aus aller Herren Länder, die wir uns in diesem Buch einmal besonders ansehen wollen. Nehmen Sie die nun folgenden Miniaturen und Herzensergüsse als eine Art Gartenmeditation, in der Sie in heiterer und gelöster Stimmung die pflanzlichen und tierischen Dämonen und Widersacher der gärtnerischen Praxis anschauen, anstatt sich in sinnlose Wut und Verzweiflung zu stürzen, weil Ihnen schon wieder alles weggefressen und überwuchert wurde. Lesen Sie es zu bequemer Stunde als Trostbuch, wenn Ihnen da draußen mal wieder alles über den Kopf wächst.

Ihr kleiner Gartenversager
Stefan Schwarz

Der Waschbär

Als ich das erste Mal einen Waschbären sah, war ich acht Jahre alt, und der Waschbär befand sich auf dem Kopf von Daniel Boone in der gleichnamigen Fernsehserie. Es war natürlich kein lebendiger Waschbär, sondern ein Waschbär in Mützenform. Aber auch als Pelzmütze machte der Waschbär echt etwas her. Irgendwie kess, verwegen, aber auch gelassen. Ohne die Waschbärpelzmütze wäre Daniel Boone einfach nur ein simpler Wald- und Wiesen-Trapper gewesen. So aber strahlte der Geist dieses gewitzten Kleinbären wie ein pelziger Heiligenschein über dem Haupt von Daniel Boone und sagte jedem, dass er sich besser nicht mit ihm anlegen möge.

So eine Kappe wollte ich auch, denn wenn man acht Jahre alt ist, aber aussieht wie ein Sechsjähriger, dann kann eine Waschbärmütze den Unterschied zwischen »Los, den Krümel verkloppen wir!« und »Hey krasser Typ, willst du in unserer Bande mitspielen?« ausmachen. Meine Eltern aber schüttelten nur den Kopf. »Junge, wo sollen wir denn hier eine Waschbärmütze herbekommen? Der Waschbär lebt in Amerika!«

Sie wussten es nicht besser.

Als ich das zweite Mal, ein halbes Jahrhundert später, einen Waschbären sah, saß er in der Dämmerung in unserem Garten auf einem Ast im Kirschbaum, und zwar unweit der Stelle am Stamm, wo ich vor Jahr und Tag einen Nistkasten angebracht hatte. Er saß da, sah mich kommen, doch ohne dass ihn das großartig gestört hätte, langte dann zur Seite in den Nistkasten, wie jemand, der vorm Fernseher sitzend in die Chipstüte greift, und entnahm ihm kurzerhand ein Ei. Ich starrte ihn fassungslos an und sagte sehr deutlich: »Leg das Ei zurück, Alter!« Aber er tat nichts dergleichen. Stattdessen nahm der Waschbär das Ei in beide Hände und biss es so behutsam auf, als hätte er das Ei-Aufbeißen auf einer englischen Butler-Schule gelernt. (Also einer Schule, wo angehende Butler lernen, ihrer blaublütigen Herrschaft nach einem Schiffbruch auf einer einsamen Insel auch ohne Besteck ein Ei zu öffnen. Etwa: »James, das Ei war ganz vorzüglich! Seien Sie so gut und beißen Sie mir noch ein Ei auf!«) Dann schlürfte der Eierdieb es artig aus. Ich stand da und bekam kaum Luft bei so viel Dreistigkeit. Der Waschbär jedoch sah mich an wie

»Was is?« und »Ich esse ein Ei! Was dagegen? Du isst doch auch Eier!« Völlig außer mir riss ich die Hände auseinander und rief unvermittelt: »Eh, spinnst du! Das sind Gartenrotschwanz-Eier!« Der Waschbär leckte sich das Maul wie »Ja, lecker! Die sind die besten!« Als er noch einmal in den Nistkasten greifen wollte, schrie ich: »Verpiss dich, du Eierdieb!« und rannte auf den Baum zu. Doch der Waschbär sprang nicht etwa verschreckt davon, sondern kletterte nur ein, zwei Äste höher, mich unverwandt anglotzend, fast schon kopfschüttelnd, als würde er mir sagen wollen: »Was stimmt mit dir nicht, Mensch? Was machst du hier so einen Aufstand? Wegen ein paar Eiern! Hier ist alles voller Eier! Wenn du ordentlich klettern könntest, würdest du es selber sehen! Hier oben in den Bäumen ist immer Ostern!«

Ich habe später mal einen Waschbären über den Gartenweg gehen sehen, der auch nur »Was?« guckte, obwohl er einen ganzen Koi-Karpfen im Maul hatte. Auf meinen Hinweis, dass dieser Karpfen bestimmt hundert Euro gekostet hatte und extra mit einem Netz vor Reihern geschützt worden war, zuckte er nur mit den kleinen Schultern. »Stand nicht dran, Alter!« und »Wenn ich dir nachher zwei Gräten hinlege, kannste nicht sagen, welcher Fisch hundert Euro gekostet hat. Wetten?«

So sind Waschbären.

Waschbären sind unerschrocken und frech wie Oskar. Sie sind Hooligans. Sie kippen Mülleimer um und breiten den Inhalt auf dem Hof aus, nur so, »um sich mal einen Überblick zu verschaffen«. Sie sind eine Mischung aus Opa: »Wenn man den Schimmel abmacht, kann man das noch essen!« und Oma: »Das ist doch zu schade zum Wegschmeißen!«

Sie können Türen aufklinken, Schlösser knacken, machen Dachluken auf und nicht wieder zu, und dann regnet es ins Haus, und die Frau lässt sich scheiden, weil der Mann sie zu Unrecht beschuldigt, das Schließen der Dachluke vergessen zu haben. Kurz: Waschbären sind die dreistete Art, die sich jemals hier breitgemacht hat. Und das Schlimme ist: Sie sind nicht mal schuld daran.

Alles geht zurück auf einen schicksalhaften Tag in den frühen dreißiger Jahren des letzten Jahrhunderts. Diese dreißiger Jahre waren ein Jahrzehnt voller Ideen. Einige davon waren super. So etwa das Düsentriebwerk, die elektrische Gitarre, das Elektronenmikroskop und das Automatikgetriebe. Andere Ideen waren Scheißideen. Nein, ich spreche nicht vom Zweiten Weltkrieg. Ich spreche von Forstmeister Wilhelm Sittich Freiherr von Berlepsch, dem Aussetzer zweier Waschbärpärchen am hessischen Edersee am 12. April 1934. Und man kann wohl mit Fug und Recht sagen, dass der Mann mit dem so klingenden Namen da wirklich einen kompletten Aussetzer hatte.

Wie bei vielen Tragödien waren auch hier Tunnelblick und Langeweile Väter der Idee. Es dachten sich nämlich Jagdleute, dass es doch prima wäre, wenn man zwischen Damhirsch und Wildschwein hin und wieder auch einen Waschbären aus dem Geäst schießen könnte. Sozusagen als kleine Beute für zwischendurch. Immerhin gibt es auch im Leben des stolzesten Jägers Tage, wo ihm die Hüfte bedeutet, er möge heute besser keine zentnerschweren Schaufler oder Keiler durchs Gehölz ziehen. Irgendwie fehlte im Spektrum des schießbaren Wildes eine mittlere Größe. So lustig mit einem schlappen Waschbär an der Seite käme Meister Grünrock nicht mit leeren Händen heim, und des Jägers Frau könne sich vom Kürschner gleich einen neuen Pelzkragen für den alten Mantel machen lassen. Haha, dachte sich der Waschbär-Aussetzer, da mag der Russe oder Kanadier lange mit seinen Zobel- oder Biberpelzen locken, um uns den sauer verdienten Groschen aus der Tasche zu ziehen! Wir bevölkern die deutschen Wälder mit Waschbären, und alles, was uns der Pelz kostet, ist billiges Schrot.

Was Forstmeister Sittich und die Seinen jedoch

nicht berücksichtigten, war, dass Waschbären ein viel, viel größeres Selbstvertrauen haben als Menschen und deswegen damals alles durcheinanderbrachten. Anstatt sich entsetzlich klamm und ausgesetzt zu fühlen, dachte die Waschbärbande: »Forstmeister Sittich! Was für ein Trottel! Macht der den Käfig auf! Mitten im Wald! In Europa! Wo es keine Pumas, keine Schakale und rein gar nichts zu fürchten gibt! Freier kann man ja gar nicht freigelassen werden! Das ist ja eine Vier-Sterne-Umgebung hier! Auf geht's! In die Vollen!«

Bevor wir uns jedoch den Umtrieben der Waschbären zuwenden, möchte ich noch darauf hinweisen, dass Forstmeister Sittich Freiherr von Berlepsch sich für diese folgenreiche Tat sozusagen genetisch qualifiziert hatte, da er einer Sippe angehörte, die schon zu Beginn des urkundlichen Wissens gerne Tiere aus fremden Ländern einschleppte. Den Namen Sittich haben die Berlep'schen nicht umsonst, sondern seit Kaiser Friedrich I., besser bekannt als Barbarossa (1122–1190), einen Urahn der Linie anraunzte, was der da immer mit seinen grünen Dickschnäbeln herumpoussiere. Der verteidigte sich, er habe die Sittiche vom Kreuzzug im Heiligen Land mitgebracht und damit ritterlich erkämpft und verdient. Fünf seiner Sittiche schafften es sogar ins Wappen. Mehr als gerecht wäre es da doch, wenn zumindest ein kleiner Waschbär fürderhin dazukäme.

Doch wahrscheinlich haben die zwei Paare bei aller Vermehrungslust und -rate nicht gereicht, um so viel Unheil über die deutschen Gärten zu bringen. Dazu brauchte es ein weiteres Ereignis, das allerdings in zwei verschiedenen Versionen berichtet wird. Es trug sich zu am Ausgang des Zweiten Weltkrieges in einer Pelzfarm bei Magdeburg und endete beide Male mit offenen Käfigen, aus denen die vermaledeiten Kleinbären das Weite suchten. In der ersten Version, der nüchternen, traf einfach eine Bombe die Pelzfarm und zerstörte dabei auch ein paar Käfige. Nicht weil die Alliierten nun auch den Pelznachschub für die Wintermäntel der Wehrmachtsgeneräle unterbinden wollten, sondern weil es die Bomber bei der Bombardierung von Magdeburg manchmal nicht schafften, alle Bomben abzuwerfen, und sich dann gerne noch, egal weg, in der Umgebung »erleichterten«, um schneller heimfliegen zu können. In der zweiten, der »Hollywood-Version« sah ein warmherziger Tierpfleger die Bomberstaffeln den Himmel verdunkeln und ahnte, dass heute seine Pelztierfarm in Schutt und Asche gelegt werden würde. Sein Blick senkte sich wieder, schweifte umher und traf den eines allerliebsten Waschbären, der, die Pfötchen ins Gitter gekrallt, ihn ängstlich fragend anschaute. Sein Blick war ein einziges »Müssen wir heute sterben, Tierpfleger? So jung, so unschuldig, so unendlich niedlich?« Da fühlte der Tierpfleger ein menschliches Rühren und fasste sich ein Herz und vergaß, was Treue und Pflicht ihm per Arbeitsvertrag gewiesen hatten –, und öffnete alle Käfige.

So begann am Ende des Zweiten Weltkrieg ein neuer Kampf: Der Kampf der Waschbären gegen alle, die sie drankriegen können.

Denn: Waschbären haben in Deutschland keine Feinde. Null. Nada. Niente. Sie haben nur Freunde – oder Opfer. In völliger Verkehrung und Verkennung der Problematik halten die Waschbären Deutschland mittlerweile für eine Gegend, die ein veritables Menschenproblem hat. Für sie sind wir Menschen große, ungelenke, pelzlose Waschbär-Belästiger. Und dazu niedlich wie ein Stein.

Denn niedlich kann der Waschbär. Wenn es hart auf hart kommt, nimmt er die Pfötchen hoch und setzt seinen ultimativen Herzschmelz-Blick auf – und kommt damit durch! Selbst ich, der ich an jenem ersten Abend mit einem schnellen Steinwurf den Waschbären einen entscheidenden Schritt in Richtung Pelzmütze hätte befördern können, zögerte, weil der Eierdieb da so knopfäugig und pelzig herumsaß.

Aber lassen wir uns nicht täuschen: Während beispielsweise Pandas oder Koalas niedlich aussehen, um der Welt zu zeigen, dass sie nicht nur ungefährlich, sondern sogar ein wenig tollpatschig sind, was sie bekanntlich noch liebenswerter macht, ist die Niedlichkeit von Waschbären nur Maske. Hinter ihr verbergen sie eine im Tierreich selten erreichte kriminelle Energie samt Intelligenz und Gewandtheit.

Waschbären haben sehr empfindliche Pfoten mit fünf Fingern, aber glücklicherweise keinen opponierbaren Daumen wie wir Menschen, sonst würden sie wahrscheinlich schon längst Schlüssel mit einer geklauten Feile nachmachen. Denn Waschbären sind klug, sehr klug sogar. Bei einem Intelligenztest der Universität Wyoming wurde geprüft, ob Waschbären ähnlich wie Krähen in der Lage sind, in einem aufrecht stehenden, durchsichtigen Rohr schwimmende, aber erst mal unerreichbare Marshmallows durch das Hinzufügen und Versenken von Kugeln in Reichweite zu bringen, indem sie den Wasserstand erhöhen. Nicht nur, dass die Waschbären, nachdem ihnen das Verfahren einmal gezeigt worden war, es sofort erfolgreich anwandten. (Bitte zeigen Sie Waschbären niemals Tricks! Drehen Sie sich weg, wenn Waschbären Sie beobachten und Sie gerade eine Bierflasche öffnen! Sie wollen nicht, dass im Getränkeladen über Nacht nur so aus Jux alle Bierflaschen geöffnet werden, weil jemand ein Fenster offen gelassen hat.) Es gab sogar einen Waschbären, der diese Lösung als zu umständlich und vorsichtig für einen wahren Hooligan ansah. Er rüttelte stattdessen so lange an der ganzen Versuchsanordnung, bis sie umfiel und auskippte und mit ihr alle Marshmallows.

Waschbären haben auch exzellente Ohren und können sogar Regenwürmer im Boden herumwühlen hören. (Wir wollen alle dankbar sein, dass der liebe Gott uns mit dieser Gabe verschont hat! Nein, Sie möchten nicht im Liegestuhl im Garten liegen, während unter Ihnen in der Krume lautstark das Bodenpersonal herumrackert.) Wie fein dieses Gehör wirklich ist, sah ich alle paar Tage im Rasen, wenn sich der Waschbär einen Regenwurm ausbuddelte. Oder zwei. Oder drei. Oder vier. Offenbar konnte sich der Kleinbär nicht entscheiden, welchen Regenwurm er ausgraben wollte. Kratzte er links, wurmte es rechts von ihm etwas leckerer. Kratzte er rechts, wurmte es noch viel appetitlicher hinter ihm. Und so weiter. Ein von einem Waschbären malträtierter Rasen sieht aus, als hätte er partiellen Grasausfall. Sehr unschön.

Außerdem ist der Waschbär eigentlich ein Kackbär, weil er mindestens doppelt so viel kackt, wie er angeblich wäscht. Überall liegt die Losung (so der jagdliche Fachbegriff für das Endprodukt) rum. Auf Wegen und Beeten. Da liegt Waschbärlosung rum, und auf der Losung steht: »Schau mal, wer deine Kirschen gegessen hat!«

Vielleicht hätte ich das alles hingenommen, doch eines Tages suchte ich in der Laube nach den Polsterkissen für die Stühle, weil wir mit Freunden grillen wollten, und fand sie nicht. Ich suchte und fluchte, aber plötzlich sah ich ein Polster hinter der Laube liegen. Einer Eingebung folgend, blickte ich auf und entdeckte ein Loch in der Bretterwand unterm Laubendach. Vorsichtig stellte ich eine Leiter an, stieg hoch und äugte in das Loch. Im Dämmerschein lagen meine Sitzpolster. Voller Haare, wie sie nur ein Waschbär haaren kann! Ich hatte genug. Ich war die dämlichen Dialoge mit dem Waschbären leid. Ich wusste, was der Waschbär sagen würde: »Wieso? Deine Polster? Die lagen da rum. Wochenlang! Warum darf ich die nicht nehmen, wenn du die nicht benutzt? Die Sitzpolster denen, die drauf sitzen wollen! Du bist enteignet!«

So auf dieser Leiter stehend, vor mir im Zwischenboden die stinkenden, verfilzten Sitzpolster, ein weiteres Mal gedemütigt, war es dieses eine Mal zu viel. Ich begab mich zur Anschlagtafel meines Kleingartenvereins, wo seit Längerem ein Zettel mit der Aufschrift »Waschbär-Kummer? – Waschbär-Nummer! Ihr Jäger des Vertrauens!!« hing. Ich wählte sie und schilderte dem Mann in dramatischen Worten meinen enteierten, zerkratzten, beschissenen und enteigneten Garten. »Bleiben Sie ruhig! Wir machen das!«, sprach dieser zuversichtlich ins Telefon. Doch als der Jäger wie verabredet drei Tage später im Garten erschien, trug er nicht nur keine Jägerjoppe aus feinem Filz und auch keinen Hut mit Gamsbart, er hatte auch kein Schießgewehr, keine Waschbärentöterbüchse dabei, sondern nur eine Kastenfalle.

»Sie sind ja gar kein Jäger, Sie sind ein Trapper! Ein Fallensteller!«, sagte ich enttäuscht, »wo ist Ihre Waschbärmütze?«

»Soll ich einen Hitzschlag kriegen?«, meinte der Jäger, »wissen Sie, wie warm Waschbärpelz ist? Ich habe mir mal eine Jacke mit Innenpelz aus Waschbär machen lassen. Für die Ansitzjagd. Weil es da schlimm fröstelt auf dem Hochstand. Soll ich Ihnen was sagen: Nach einer halben Stunde habe ich die ausgezogen, weil ich die Motten gekriegt habe. Im Dezember. So warm war die.«

Ich nickte und überlegte, was wohl das Geheimnis von Daniel Boone war.

»Ich dachte, Sie kommen und legen sich auf die Lauer und erledigen den Eierdieb in flagranti.«

»Schießereien im Stadtgebiet überlassen wir der Mafia«, sagte der Jäger, »nein, wir fangen den Waschbären ein.«

Ich fragte, wie er ihn anlocken wolle, so schlau und gerissen wie der Waschbär sei.

»Ich lege einen Snickers in die Falle. Das reicht. Der Waschbär ist zwar klug, aber noch mehr als klug ist er verfressen.«

Ich sagte, so was gäbe es auch in meiner Familie.

»Morgen früh hole ich die Falle ab, und dann kommt er ins Waschbär-Paradies!«

Ich fragte, was das bedeute, aber der Jäger legte nur zum Zeichen des Stillschweigens einen Finger auf die Lippen. Ich murrte, dass ich schon groß sei und die konkrete Wahrheit über das Ende dieses Schädlings vertragen würde, aber der Jäger hüllte sich in Schweigen. Doch es war sicher ein ganz niedliches Ende. Totgekuschelt oder so was.

»Was machen Sie dann mit toten Waschbären?«, fragte ich. »Wenn Sie schon keine Pelze draus machen? Kann man die essen? Bärenfleisch soll ja gut schmecken.«

»Ja, aber nicht Waschbärenfleisch. Man schmeckt, was der isst. Schmeckt alles nach Mülltonne. Außerdem hat der lauter Fett und Sehnen im Muskel. Da kauen Sie den ganzen Abend dran. Habe ich schon probiert.«

Ich meinte, es gäbe im Zoo sicher Tiere, denen das egal sei. Raubtiere. Fleischfresser, die alles runterwürgen, was nicht bei drei auf den Bäumen ist.

»Ach, hören Sie auf!«, sagte der Jäger, während er die Falle am Komposthaufen aufstellte, »haben wir doch schon längst angeboten. Hundert Waschbären die Woche hätten sie haben können. Pures Protein. Tiefgefroren. Für umsonst! Wissen Sie, was der Zoo gesagt hat? Können wir nicht machen, da regen sich die Zoobesucher auf, da ist sonst was los, wenn die Kinder da im Tigergehege einen angeknabberten Waschbären sehen.«

»Laut Verpackung von Kellogg's Frosties isst ein Tiger gezuckerte Frühstücksflocken«, erklärte ich, aber der Jäger winkte nur müde ab. Er fummelte an der Kastenfalle herum, legte schließlich den Snickers hinein, erhob sich und besah noch einmal sein Werk.

»Ich weiß, der Schokoriegel sieht lecker aus«, sagte er, »aber die Falle ist jetzt scharf. Also denken Sie nicht mal dran!«

Ich nickte mit zusammengebissenen Zähnen. Jetzt hieß es, einmal klüger als ein Waschbär zu sein.

Am nächsten Morgen rappelte es in der Kiste und fauchte. Der Jäger kam, schaute rein und meinte, es sei ein Jungtier. Vielleicht ein Jahr oder so. Dann nahm er die tobende Kiste hoch.

»Bis bald!«, sagt er, »wir sehen uns sicher wieder. Eine Waschbärin bekommt im Jahr fünf bis sieben Junge. Wir räumen hier nur ein bisschen den Nachwuchs ab. Mehr können wir nicht machen. Wir müssen auch geruhsam bleiben. Wenn die Waschbären merken, dass ihre Population unter Jagddruck kommt, werden die Weibchen noch schneller geschlechtsreif. Dann kommen wir gar nicht mehr hinterher.«

Ich winkte ihm nach und blieb trübsinnig im Garten zurück.

Wie kann man nun eine derart erfolgreiche Population wirksam eindämmen? Hat es überhaupt jemals eine so krass überlegene Population gegeben, die man wirksam vom Kinderkriegen und Alles-Kaputtmachen abhalten konnte? Eine Art, die gleichermaßen intelligent wie verfressen ist? Lassen Sie uns überlegen! Ah ja! Der Mensch. Die Reproduktionsrate des Menschen wurde in den vergangenen 150 Jahren sehr erfolgreich gesenkt. Nehmen wir nur einmal die Zahlen aus Deutschland. Bekam eine deutsche Frau 1871 (Gründung des Kaiserreiches, Beginn der offiziellen Statistik) im Durchschnitt noch so viele Kinder wie eine Waschbärin, nämlich Stücker 5, sind es heute nur noch 1,5. Das ist ganz okay. Die Population schrumpft, weniger

Leute machen auch weniger Schaden. Wie wurde das erreicht?

Die Antwort: Durch Komfort! Gutes Essen, warme Wohnungen, Rolltreppen und Lifte! Anstatt also die Waschbären zu fangen und zu jagen, sollten wir sie lieber füttern und hätscheln! Volle Schüsseln voller Marshmallows, Chips und Cheerios. Gleich daneben sollten Waschbär-Sitzkissen, Kuschelecken, Lümmelsofas eingerichtet werden. Waschbär-Ruhezonen. Und wenn schon Dachböden und Laubenzwischendächer besiedelt werden, dann gehört eine kleine Rolltreppe darangestellt. Die Tiere

werden nicht lange grübeln, wozu diese Rolltreppe zu gebrauchen ist. Sie sind verfressen, aber klug. Machen wir aus dem Waschbär einen Naschbär! Der, vollgefressen und kleine Rülpser von sich gebend, zu seiner Rolltreppe watschelt, sich schnaufend am Handlauf festhält und gemächlich nach oben rollt zu seiner Dachhöhle, um dort im Fresskoma Stunde um Stunde zu verdämmern. Selbst wenn einmal eine Waschbärin in voller Brunst vor ihm auf und ab wackeln sollte, winkt er nur ab. Zu anstrengend! Lieber rollt er zur Seite und nimmt noch ein paar von den Toffifees, die wir uns für ihn vom Munde abgespart haben.

So kann es werden! Anstatt sich das ungesunde Zeug selber in den Schlund zu schieben, sollte jeder innehalten und sich fragen: Könnte das nicht ein Leckerli für einen zunehmend zunehmenden, adipösen, fast schon bewegungsunfähigen Waschbären sein? Dann werden sie irgendwann wegen Bewegungsmangel und Völlerei aussterben. Ist doch ganz einfach: sie oder wir!

Das Drüsige Springkraut

Ich liege in der Sonne eines Augustnachmittags und döse. Angenehme Stille über dem Gartenland. Es ist zu heiß zum Bohren, Hämmern oder Häckseln. Alles flirrt vor Hitze, und aus den Sträuchern und Beeten dampfen die Düfte. Eine angenehme Spätsommerwürze füllt die Luft. Doch da weht ein laues Lüftchen einen fremden Geruch in meine Nase. Etwas wie Klebepistole. Süßlich und irgendwie chemisch. Ich schnuppere noch mal. Eindeutig Klebepistole. Der Geruch geht gar nicht mehr weg. Das ist eine Kleingartenanlage, kein Bastelkeller. Hier sollte überhaupt nichts geklebt werden. Gartengarn und Bindedraht nimmt der Gärtner.

Ich schniefe, ich schnaube unwillig. Muss denn die kostbare Ruhe gleich mit Gestank verdorben werden?

Dann knirscht es auch noch. Erst glaube ich, dass es meine wütenden Zähne sind, aber nein: Schritte auf dem Kiesweg. Dann Stille, bevor jemand unaufgefordert seinen langen Schatten in unseren Garten wirft und ich weiß, derjenige ist nicht stehen geblieben, um ihn andächtig zu bewundern.

»Na, hier gibt es wohl nichts mehr zu tun?«, ruft eine mir wohlbekannte Stimme über den Gartenzaun. Es ist der Vorstandsvorsitzende unseres Kleingartenvereins, der VV, und seine Frage ist allerherrlichster Gartensarkasmus. Ich werde mich hüten, sie zu beantworten. Stattdessen werde ich die Gelegenheit ergreifen und ihn selber der Untätigkeit anklagen. Mal sehen, was er dazu sagt.

»Gut, dass Sie kommen!«, sage ich und erhebe mich mit Zack aus dem Liegestuhl, »ich habe eine Anzeige zu machen! Irgendjemand arbeitet hier mit verbotenen Chemikalien!«

»Na na, nanu? Wie kommen Sie denn auf so was? Was meinen Sie denn damit?«, zeigt sich der VV schon gleich etwas weniger nassforsch. Verständlich, denn in den Lauben der älteren Gartenfreunde lagert vermutlich so viel verbotenes Unkrautvernichtungsmittel aus DDR-Beständen, dass man eine ganze Munitionsfabrik überflüssig machen könnte.

»Ich meine Klebstoff«, erkläre ich zur zunächst großen Erleichterung des VV. »Irgendjemand verwendet hier sehr großzügig Klebstoff. Das dünstet hier alles rüber.« Doch dann bemühe ich noch die

Wörter »Immissionsschutzgesetz« und »BKleinG« (das ist Kurzsprech für Bundeskleingartengesetz), die mich als Mann mit gewissen juristischen Vorerfahrungen, womöglich sogar als notorischen »Prozesshansel« ausweisen, denn »BKleinG« sagt nur einer, der davon lebt, Kleingartenvereinsvorstände in den Wahnsinn abzumahnen. Der VV bereut jetzt sichtbar, dass er an meinem Kleingarten stehen geblieben ist, um mich launig aus der Ruhe zu pöbeln.

»Das kann ich mir gar nicht vorstellen«, sagt der VV, »was dagegen, wenn ich mal kurz reinkomme und mir selber einen Eindruck verschaffe?«

Er wartet meine Erlaubnis nicht ab und schreitet schnellen Schrittes in den Garten. Kommt auf mich zu, bedeutet mir mit einer Handbewegung zu schweigen und schnuppert dann so professionell in der Brise herum, als wäre er als Kind in der Wildnis ausgesetzt und unter Schnupperhasen großgeworden.

»Ja, jetzt rieche es auch«, meint er, als er Witterung aufgenommen hat, »es kommt von schräg links, und das kann gar nicht sein. Denn das müsste dann der Geist von Omi Schneider sein, der da was klebt. Der Garten ist verwaist, wie Sie wissen. Wir warten auf einen neuen Pächter.«

Er macht eine Vierteldrehung und geht auf den

Garten zu, in dem ehemals Omi Schneider wirtschaftete. Vor dem Zaun versperren ihm Schnittgut und spröder Gartenabfall den Weg.

»Was ist das hier?«, fragt der VV.

»Das ist mein Totholzhaufen«, erkläre ich.

»Heute ist ja alles Totholzhaufen«, rügt der VV. »Bei uns hieß das früher Müll und Unrat!«

Unwillig steigt er hinüber, um sich Omi Schneiders ehemaligem Garten zu nähern. Ich klettere ihm hinterher. Doch dann hat der VV die Ursache des klebrigen Gestanks entdeckt und friert ein, ja, verharrt wie ein Vorstehhund. Fehlt nur noch, dass er eine Pfote anhebt, um seinem Herrchen anzuzeigen, dass da was im Busch ist.

Neugierig komme ich auf seine Höhe.

»Keinen Schritt weiter!«, flüstert der VV und hält mich zurück. »Sehen Sie den rosafarbenen Bestand dort drüben? Das ist Drüsiges Springkraut! Und es ist zum Teil schon abgeblüht!«

»Warum flüstern Sie?«, frage ich ebenfalls etwas leiser, »darf es uns nicht hören?«

»Sehen Sie die Kapseln an den Blütenständen?«, flüstert der VV weiter.

»Ja, die sehe ich, aber vor allem rieche ich sie«, meine ich. »Ich glaube, ich bin wirklich allergisch gegen diesen Geruch. Ich muss mal niesen!«

»Den Teufel tun Sie!«, faucht der VV und hält

mir die Nase zu, so dass mir der Nieser die Backen aufbläst und zu den Ohren rausgeht.

»Was ist los mit Ihnen?«, zische ich ihn an, »das ist ein Unkraut und kein Rudel Raptoren!«

»Drüsiges Springkraut ist einer der schlimmsten Saftdruckschleuderer!«, flüstert der VV das magische Wort. »Und jetzt sind die Kapseln reif. Sie reagieren schon auf kleinste Erschütterungen. Wenn Sie jetzt geniest hätten, wären uns die Samen um die Ohren geflogen. Die fliegen sieben Meter weit.«

Wir stehen am Zaun etwa drei Meter von der Drüsigen Springplage entfernt. Der VV sieht mir über seine Sonnenbrille in die Augen.

»Sie sind ja ein vergleichsweise junger Gartenfreund. Sie haben keine Ahnung, wie schnell und wie hoch das Zeug wächst. Es unterdrückt alle anderen Pflanzen. Nichts kommt mehr hoch, wo das Drüsige Springkraut wuchert. Wir haben dieses Frühjahr unter großen Mühen den Uferbereich freigeschnitten. Gartenfreund Zielicke hat sich dabei das Knie ausgerenkt, als er im abschüssigen Bereich arbeitete. Können Sie sich vorstellen, wie er sich fühlen wird, wenn im nächsten Jahr die ganze Böschung wieder unter dem Kraut verschwindet?«

»Wie sollen wir vorgehen, Commander Vorstand?«, frage ich. »Flammenwerfer wie bei *Alien 2*? Die ganze Brut vernichten?«

»Das würde alles noch viel schlimmer machen«, meint der VV. »Es gibt Wege, dem Einhalt zu gebieten, und Sie als persönlich Betroffener dieses widerwärtigen Geruchs und als junger, geschmeidiger Mensch können sich dabei große Verdienste um unseren Gartenverein erwerben. Ich gebe Ihnen ein paar Butterbrottüten, und Sie bewegen sich mit größter Behutsamkeit an das Springkraut heran und stülpen dann vorsichtig die Tüten über die Blüten.«

»Die Tüten über die Blüten!«, wiederhole ich, um es mir besser zu merken.

»Richtig«, lobt der VV, »dann können diese teuflischen Kapseln aufspringen, wie sie wollen. Die Samen bleiben in der Tüte und können von mir anschließend fachgerecht entsorgt werden.«

»Machen Sie sich keine Mühe«, komme ich ihm entgegen, »ich kann das auch erledigen.«

»Danke, aber das wenige, was ich als älterer Gartenfreund noch tun kann, will ich gerne tun.«

So verbleiben wir und entfernen uns geräuschlos wie Leute, die beim Savannenwandern einen schlafenden Löwen entdeckt haben.

Ich hole mir die Butterbrottüten, die der VV reichlich in seiner Laube hortet, und klettere dann, vom Vorstand ein weiteres Mal zu äußerster Vorsicht angehalten, über den Zaun in den verwilderten Garten, in dem einst Omi Schneider ihr hartes Regiment führte. Aber die Natur holt sich alles zurück. Selbst Omi Schneider hat sie sich zurückgeholt. Vor Jahr und Tag ist sie wieder in den Kreislauf des Lebens zurückgekehrt, und wer weiß, in welcher abgepackten Baumarkt-Universal-Gartenerde ihre Asche jetzt neue Fruchtbarkeit spendet. Im Halbschatten hinter der Laube steht das Drüsige Springkraut in großer Gruppe zusammen und hat Hunderte Samenkatapulte gespannt, die wie winzige, in ihren Flügeln schlafende Flughunde an den Blütenständen hängen.

Eigentlich sieht es ganz hübsch aus, das Springkraut, auch wenn es bei einer Höhe von fast zwei Metern kaum noch als Kraut durchgeht und die ganze Pflanze etwas Plastikartiges an sich hat. Kein Wunder, dass John Forbes Royle, der sie um 1820 in Indien fand und beschrieb, sie nicht nach sich benennen lassen wollte, wo doch sonst damals (und auch heute noch) Pflanzen sofort nach ihren stolzen »Entdeckern« oder großen botanischen Gelehrten benamst wurden. Fuchsie (Namensgeber ist der Arzt und Botaniker Leonhart Fuchs), Zinnie (nach dem berühmten schwäbischen Anatom und Botaniker Johann Gottfried Zinn), Rudbeckie (die gelbschwarze Schönheit ehrt die beiden schwedischen Wissenschaftler Olof Rudbeck den Älteren und

Olof Rudbeck den Jüngeren), Strelitzie (ihre Blüte erinnert zwar an Papageien, sie ist aber einer Königin würdig – immerhin wurde ihr der Name zu Ehren von Königin Charlotte von England aus dem Hause Mecklenburg-Strelitz gegeben), Weigelie (benannt nach dem Botaniker Christian Ehrenfried von Weigel) und Forsythie (hat ihren Namen von dem englischen Gärtnermeister William Forsyth) sind schließlich keine Namen, die die Eingeborenen seit Urzeiten her diesen Blumen und Sträuchern gaben. Nein, mit feinem Gespür für das leicht Unangenehme dieser aus dem Vorland des Himalayas stammenden Balsamine verblichen mit der Zeit alle anderen, mehr verkaufsfördernden Namen wie »Bauernorchidee«, und übrig blieb Drüsiges Springkraut (und es kann noch froh sein, dass es nicht korrekt übersetzt wird aus dem Lateinischen, sonst hieße es die Ungeduldige Drüsentragende, was schon an Mobbing grenzt). Eine Pflanze, benannt nach ihren ekligsten Eigenschaften. Wenn man das mit mir gemacht hätte, würde ich jetzt Hakennasiges Kurzbein heißen. Aber das Drüsige Springkraut kümmert sich nicht drum. Warum auch? Es ist so ein bisschen das McDonalds unter den Pflanzen. Es haut unfassbare Mengen an Nektar aus den Blüten raus, macht alle anderen braven Honigpflanzen neben und unter sich platt und sorgt sogar noch mit

Stinkedrüsen an den Blättern dafür, dass auch die letzte Dummhummel mitkriegt, dass es hier Futter satt gibt. Als wäre das nicht schon Vorteil genug, explodiert es beim kleinsten Anlass und sorgt mit seinem Samengeballer (eine Pflanze produziert ein paar tausend Samen) dafür, dass es auch im nächsten Jahr wieder in die Vollen geht.

Aber nicht in dieser Kleingartenanlage. Mit dem Schleichfuß eines Prärieindianers und den Händen eines Hirnchirurgen verpacke ich fünf Dutzend Blüten in Tüten und sammle die Samen ins Verhüterli. Ich bin mir mittlerweile sicher, dass sich diese Tat herumsprechen wird im Kleingartenverein. Der von Vergeblichkeitsalpträumen heimgesuchte Gartenfreund Zielicke wird mich spontan auf dem Hauptweg umarmen. Gartenfreund Katzsche schneidet mir vielleicht zum Dank sogar den verkorksten Apfelbaum zurück. In den anderen Gartenvereinen, die sich ebenfalls an diesem Flüsschen entlangschmiegen, werden heftige Diskussion ausbrechen auf den Vereinssitzungen. »Es geht!«, werden Gartenfreunde rufen, »unsere Gärten, Raine und Uferböschungen müssen nicht von diesen widerwärtigen Langstängelmassen mit ihren triefenden Pseudo-Orchideenblüten überwuchert werden. Man kann dieser Plage Herr werden! Der hervorragende Gartenaktivist Stefan Schwarz hat in einer Extraschicht vorbildlich gezeigt, dass man dieses stinkende, springende Unkraut besiegen kann.«

Drei Tage lasse ich die eingetüteten Blüten in der Sonne darren. Dann schaue ich nach, und siehe, die Samenschleudern haben sich entladen. Lustig rascheln die Tüten mit den Samen vor sich hin. Ich verschließe sie fest, stecke sie in einen Plastikbeutel, den ich extra mit Paketband versiegele, und trage das unheilvolle Samengepäck über die Gartenwege fort zum VV, als wäre ich ein Kampfmittelräumer, der unter Einsatz seines Lebens eine Weltkriegsbombe in den Armen aus der Stadt trägt, damit Frieden und Glück gesichert bleiben.

Aber der VV ist nicht da. Kreisverbandssitzung. Thema: »Wie erkenne ich Cannabispflanzen?« Es hat Schlägereien gegeben, weil uninformierte Ein-

greiftruppen in verschiedenen Kleingartenvereinen der Stadt unschuldigen Pächtern den ähnlich ausschauenden Fächerahorn oder den Scharlachroten Hibiskus ausgerissen und hohnlachend dem Feuer übergeben haben. Aber der VV hat ja eine Frau, und die ist da und fragt mich jetzt, was ich denn will und was ich da im Plastikbeutel hätte. Ich überlege, ob ich ihr diese Sammlung teuflischer Schleudersamen aushändigen darf. Wir alle kennen diese mythischen Geschichten von Frauen, die irgendwas öffneten, was nicht geöffnet werden durfte, und irgendwo reinguckten, wo sie nicht reingucken sollten, und dann sprang das Übel heraus, und die Not war groß. Ich sage nur Büchse der Pandora.

»Das sind Samen des Drüsigen Springkrautes, die ich im Auftrag des Gartenvorstandes gesammelt habe. Ich soll sie nur ihm übergeben, weil die fachgerecht vernichtet werden müssen!«

»Her damit!«, lacht die Frau vom VV, »hat er wieder einen Dummen gefunden!«

Ich lege die Stirn in Runzeln und weigere mich, das Gefahrgut unqualifizierten Angehörigen zu übergeben.

»Hat er Ihnen auch diese ›Tüten über die Blüten‹-Sache erzählt?«, freut sich die Vorstandsgattin weiter, und ich verlange jetzt doch einigermaßen ungehalten nach Aufklärung.

»Das Drüsige Springkraut ist doch kein Problem«, meint die Frau vom VV. »Das kann man im Frühsommer einfach weghacken. Aber Dieter liebt die Samen. Irgendwo hat er mal gelesen, dass die Samen vom Springkraut älteren Männern auf die Sprünge helfen, wenn Sie wissen, was ich meine. Er macht die sich in den Salat und schnurpst die schneller weg, als sie aus ihren Kapseln springen. Ich merke ehrlich gesagt keinen Unterschied, aber er ist überzeugt davon. Aber weil er zu faul ist, die zu sammeln, erzählt er immer irgendwelchen gutgläubigen, naiven, leicht beeinflussbaren …«

»Kommen Sie einfach ohne Adjektive zur Sache«, unterbreche ich sie.

»… erzählt er jedenfalls immer irgendwelchen Gartenfreunden, dass sie Tüten über die Blüten machen und ihm die Samen bringen sollen. So wie Sie jetzt!«

Aber da bin ich schon weg.

Noch auf dem Weg zurück in meinen Garten nestele ich die Versiegelung auf, und wie der Sämann auf der Scholle streue ich die Samen in den Wind.

Der Asiatische Marienkäfer

Ich möchte jetzt mal ein einziges rationales Argument für den Siebenpunkt-Marienkäfer im Kleingarten hören. Außer, dass er sieben Punkte hat. Das ist ja jetzt noch keine eigenständige Leistung. Das hat sich so entwickelt.

Irgendwann vor Millionen Jahren hat mal ein Marienkäfervater gesagt: »Weißt du, Tochter, mir ist eigentlich jeder Schwiegersohn recht, wenn er nur so wie wir sieben ordentliche Punkte hat!« Die Marienkäferine krabbelte also draußen rum, und dauernd kam irgendein Marienkäferich angebrummt, aber sie mäkelte immer rum: »Nee, du hast bloß zwei Punkte! Geh weg!« oder »Du denkst wohl, du kannst bei mir punkten mit deinen zweiundzwanzig Punkten! Mach'n Abflug!« Dann, irgendwann, als die Siebenpunkt-Marienkäferine sich schon fast damit abgefunden hatte, dass es nirgendwo einen Junggesellen mit genau sieben Punkten auf den Deckflügeln zu geben schien, kam einer um die Ecke und sagte: »Ich, Baby, habe sieben Punkte auf den Deckflügeln! Perfect Match! Weißt du übrigens, warum diese Dinger Deckflügel heißen? Dreh dich mal um!« So entstand der Siebenpunkt-Marienkäfer als Art.

Als Art gilt man, wenn man sich ähnlich sieht und sich nur untereinander fortpflanzen kann. Ich gebe zu, das ist etwas allgemein gehalten. Man muss bei der Bestimmung einer Art dann schon noch genauer hingucken. Ich hatte zum Beispiel mal einen Staatsbürgerkundelehrer, der hatte zwar einen Kehlsack wie ein Leguan, konnte ihn bei Bedrohung allerdings nicht willkürlich aufblasen, ernährte sich wohl auch weitgehend pflanzlich, hatte sich aber erfolgreich mit einer Sekretärin vom Kreisausschuss für Jugendweihe gepaart, so dass man die Erstansprache als Leguan wohl oder übel fallen lassen musste.

Bei den Marienkäfern sind die feinen Unterschiede, wie oben geschildert, völlig obsolet. Es zählen nur die Punkte. Dreizehnpunkt-Marienkäfer paart sich mit Dreizehnpunkt-Marienkäfer. Fünfpunkt-Marienkäfer paart sich mit Fünfpunkt-Marienkäfer. Das war's. Mehr braucht es nicht. Wenn man ein Vierzehnpunkt-Marienkäferweibchen nimmt und es unter bis zum Bersten geschlechtsreife Sechzehnpunkt-Marienkäfermännchen setzt, schauen die sie nicht mit dem Hintern an und mampfen weiter ihre Blattläuse. Tupft man dann dem Marienkäferweibchen zwei Extrapunkte auf die Flügel, fallen alle Männchen über sie her. Und zwar für satte achtzehn Stunden. So lange dauert Marienkäfer-Sex! Es sind völlig irre Punktfetischisten.

Während die Männchen beim Homo sapiens nicht nur irgendeinen, sondern genau den passenden Hochschulabschluss, Dialekt, Reisepass und Rassehundegeschmack haben müssen, weder zu dick noch zu dünn sein, weder zu viele noch zu wenig Haare haben dürfen, beim Lachen nicht schnottern und beim Niesen nicht »Pardauz!« rufen dürfen, reicht es bei Coccinella septempunctata, dass er sieben Punkte hat, um ohne viel Aufhebens zum Vater aller vierhundert Kinder erwählt zu werden. Mehr Qualifikation braucht es nicht.

Komm mal zum Punkt, werden jetzt sicher einige Leser sagen, und recht haben sie. Die Frage, die ich hier mal allen Artenschützern in den Artenschutzraum stellen will, ist diese: Was schützen wir eigentlich beim guten alten Siebenpunkt-Marienkäfer? Dass die sich nur untereinander mögen? Muss es uns wirklich kümmern, wenn irgendein X-Punkt-Marienkäfer ausstirbt? Ich weiß, das ist eine freche Frage in einer Welt, in der Diversität ein Wert an sich ist. Aber zur Diversität gehört auch, dass wir Menschen tolerieren, die freche Fragen stellen.

Es ist nämlich so, dass der Siebenpunkt-Marienkäfer in unserem Garten sukzessive vom Asiatischen Marienkäfer verdrängt wird. Hin und wieder ist noch einer am Werk, aber in vielen Fällen ist es schon der Harlekin- oder eben Asiatische Marienkäfer.

Und es ist mir recht!

Weil es der Asiatische Marienkäfer einfach bringt, weil der abliefert, weil der performt, wie wir neoliberalen Kleingärtner gerne sagen!

Während der Siebenpunkt-Marienkäfer noch morgens seine Deckflügel knarzend auseinanderdehnt und sich erst mal auf einem Laubblatt die Beine vertritt, ist sein asiatischer Kollege schon am Machen. Heißt Fressen. Fast dreihundert Blattläuse würgt der Asiatische Marienkäfer pro Tag in sich hinein. Das ist enorm und dreimal so viel wie sein europäischer Kollege so im Schnitt vertilgt. Anders der Siebenpunkt-Marienkäfer oder auch Gewerkschaftsmarienkäfer, wie ich ihn hier mal nennen will. Der prüft erst mal per Augenschein, ob beim heute angezeigten Blattlausstandort Anflug- und Trittsicherheit gegeben sind, dann unternimmt er eine Probeentfaltung der unter dem Deckflügel gefalteten, durchsichtigen Flügel, stellt fest, dass er da ein Ziepen gefühlt hat, und beschließt, es heute langsam angehen zu lassen. Der Asiatische Marienkäfer hat unterdessen schon drei Stängel voller Blattläuse leer gefressen, so schnell, dass die Blattläuse nicht mal »Achtung! Da kommt ein Marie …!« rufen können, und dann fliegt er hinüber zum nächsten Gelage.

Der Siebenpunkt-Gewerkschaftsmarienkäfer wackelt derweil eine nahe Bohne hinauf und verzehrt sehr geruhsam insgesamt zehn Blattläuse, so wie es die europäische Blattlausverzehrvorschrift vorsieht. Dann ist schon wieder Pause. Während der Pause bemerkt er, dass die Blattläuse Teil einer Blattlauskolonie sind, die – Überraschung! – wie alle verdammten Blattlauskolonien von Ameisen betrieben wird, und die nun mit ihren Beißerchen angerannt kommen, um ihm die Hölle heiß zu machen. Da macht er erst mal die ameisenharte Deckkuppel dicht und knurrt: »Das sind ja unzumutbare Bedingungen. So kann ich nicht arbeiten!« und fliegt weg.

Der Asiatische Marienkäfer auf dem Stängel gegenüber hingegen verputzt schon wieder Blattläuse, als gäbe es kein Morgen. Praktischerweise ist vor ihm eine Asiatische Marienkäfergenossin am Werken, die er gleich in einem Aufwasch begattet, um nicht unnötig Zeit für Kennenlernen und Warmwerden zu vergeuden. Warm ist den beiden ja schon vom vielen Fressen.

Sie merken, worauf ich hinauswill. Der Unterschied zwischen dem Siebenpunkt-Marienkäfer und dem Asiatischen oder Harlekin-Marienkäfer (Harlekin kommt übrigens von Höllenkönig, und genauso sehen ihn die Blattläuse) ist der Unterschied zwischen einem Schädlingsbekämpfer und einem Schädlingsvernichter.

Der Asiatische Marienkäfer ist in allen Parametern überlegen. In einem Marienkäfer-Quartettspiel wäre er die absolute Trumpfkarte. Er ist bunter, er frisst dreimal so viel, er macht dreimal so viele Kinder, und das dreimal im Jahr. Die Larven fressen sofort los und auch die Larven von Siebenpunkt-Marienkäfern, während diese umgekehrt die Larven vom Asiatischen Marienkäfer nicht vertragen, sondern daran sterben. Eine klassische Win-Lose-Situation.

Und er hat den schöneren lateinischen Namen. Harmonia. Und als wäre das alles noch nicht gut genug, produziert er ein Antibiotikum namens Harmonin, das gegen Malaria und Tuberkulose helfen soll. Das macht er sozusagen nebenbei, neben seiner Arbeit und der Fortpflanzung. Freizeit hat er nur, wenn man ihn festhält. Dann ruft er: »Lasst mich! Lasst mich arbeiten, bis ich tot bin!«

Er ist das kapitalistische Erzkäferchen. Die FDP sollte ihn als Wappentier führen.

Natürlich kann man den guten alten Siebenpunkt-Gewerkschaftsmarienkäfer schützen, aber wozu? Weil er von hier ist? Oder angeblich ein Glücksbringer? Geschickt von der Jungfrau Maria persönlich? Soll der Steuerzahler Reservate für den schmerbäuchigen Siebenpunkt-Marienkäfer bezahlen, wo er vor Konkurrenz geschützt, sein Brusthaar an ebenso molligen Siebenpunkt-Marienkäferweibchen reiben kann? (Siebenpunkt-Männchen haben tatsächlich etwas Brusthaar. Sie sind der Horst Schlämmer unter den Marienkäfern.)

»Guck mal«, sagt meine Frau und zeigt mir den vielpunktigen Asiatischen Marienkäfer, der auf ihrem Zeigefinger herumkrabbelt, gut erkennbar am kalligrafierten »M« auf dem Kopfschild, »ein Mutschekiepchen!«

»Das ist kein Mutschekiepchen«, sage ich, »das ist ein Asiatischer Marienkäfer, ein Maotsetungchen.«

Da fragt sich meine Frau wieder mal, ob sie nicht ihren weniger witzigen Studienfreund Gernot hätte heiraten sollen.

Die Spanische Wegschnecke

Wenn es geregnet hat im Frühjahr oder im Sommer, gehe ich mit einer Bierflasche in den Garten, grabe ein paar Plastikschalen in die Erde, die vordem Eiscreme oder dergleichen enthielten, fülle sie bis zum Rand mit dem leckeren Bier und hoffe, dass sich das Opfer lohnt und also darin möglichst viele Schnecken ersaufen mögen, denn irgendwie lieben Nacktschnecken Bier und kippen vornüber hinein. Wir kennen das von Rockfestivals: Je nackter der Besucher, desto mehr will er sich mit Bier besudeln. Oder vielleicht ist es auch umgekehrt.

Manchmal regnet es aber erneut und auch noch stärker als vorher, und dann tritt das Bier über die Ufer der kleinen Schalen und verteilt sich über die Beete und lockt nicht mehr schnell erweichende Weichtiere in den Killerpool, sondern führt wie ein Leuchtfeuer aus Bierdunst nur noch sicherer die Schnecken zu den Pflanzen.

Am nächsten Morgen schwimmen im günstigsten Fall ein paar Dutzend nackte Leichen in der

Biersuppe, und ich kippe sie auf den Kompost, wo sie liegen bleiben, denn kein Marder oder Igel frisst diese Nacktschnecken, nicht mal, wenn sie in Alkohol eingelegt wurden. Es ist ja auch nicht irgendeine Nacktschnecke, sondern die bittere Spanische Wegschnecke, und ihre Zahl ist Legion.

Unter allen Wegschnecken ist die Spanische Wegschnecke diejenige, die am wenigsten weg ist. Statt weg ist die Spanische Wegschnecke nämlich immer da, und zwar dort, wo es grün, zart und lecker zugeht, also im Gewächshaus oder im Garten, wo sie die Salatblätter bis auf die Strünke niederraspelt und den Rest auf widerwärtige Weise mit Schleimspuren bedeckt. Was mich an der Spanischen Wegschnecke aber so richtig in Wallung bringt, ist diese gemächliche, durch nichts zu erschütternde Unaufhaltsamkeit, mit der sie frisst. Wo die Wühlmaus sofort im Loch verschwindet, die Stare eilends aus dem Kirschbaum fliegen, der Kohlweißling vom Kohlblatt flattert, so schnell er eben kann, sobald ich den Garten betrete, frisst die Spanische Wegschnecke unbeeindruckt weiter, selbst, wenn ich direkt hinter ihr erscheine und mich unmissverständlich räuspere. Die Spanische Wegschnecke ist bis zur völligen Verblödung angstfrei. Vor die Alternative gestellt, die Flucht zu ergreifen oder weiterzufressen, bis der Tod sie ereilt,

wählt sie immer Letzteres. Irgendwo auch verständlich, denn die Spanische Wegschnecke kann nur mit einer Geschwindigkeit von 0,003 Stundenkilometern »fliehen«, was Lebewesen mit Beinen kurzerhand als nur etwas schnelleres Stehenbleiben empfinden würden. Da sie also niemandem außer sich selbst entkommen kann, frisst sie lieber noch eine Sekunde oder zwei und nimmt den Tod hin wie unsereiner den Tod durch Meteoriteneinschlag hinnehmen würde. Unwahrscheinlich, aber im Falle des Falles durch nichts zu verhindern.

Die Spanische Wegschnecke ist anders als die braven einheimischen, überall ein bisschen herumraspelnden Wegschnecken ziemlich mäkelig und isst bitteres Grün nur, wenn partout nix weiter im Angebot ist. Das hätte Gastropodologen, also

Schneckenforschern, schon zu denken geben sollen, denn der Spanier ist ja eher nicht so zimperlich. Auf irgendwelche spanischen Flüche reagiert der gefräßige Schleimfüßler aber überhaupt nicht, weil die Spanische Wegschnecke gar nicht weiß, dass sie eine Spanische Wegschnecke ist. Ihre Heimat ist nämlich eigentlich Südwestfrankreich, wie Genetiker nach Jahrzehnten herausfanden. Da hatte sich die lehmbraune Schnecke aber schon so in Europas Gewächshäusern und Kleingärten breitgemacht, dass eine Umbenennung in Südwestfranzösische Wegschnecke alles nur noch komplizierter gemacht hätte, als es eh schon ist.

Die aufreizende Frechheit der Spanischen Wegschnecke wird nämlich auch dadurch befeuert, dass sie der Roten Wegschnecke zum Verwechseln ähnlich sieht, die früher mal üppig in deutschen Landen unterwegs war, mittlerweile aber zu den geschützten Arten zählt, so dass des Gärtners Streuhand beim Griff ins Schneckenkorn stockt, weil er fürchten muss, das falsche Weichtier zu eliminieren. Ob man einen ekligen Salatmörder vom Schlage der Spanischen Wegschnecke oder ein seltenes Exemplar der geschützten Roten Wegschnecke vor sich hat, kann man zwar herausfinden, aber es ist nicht ganz einfach. Augenmaß oder ein gutes Ohr für Anfangsbuchstaben, wie es ausreicht, um einen

Luchs von einem Fuchs zu unterscheiden, genügen hier nicht. Nein, man muss in mühsamer Kleinarbeit und mit viel Aufwand den präparierten Genitaltrakt der jeweiligen Schnecke unter dem Mikroskop untersuchen. Bei der Spanischen Wegschnecke sind die Ligula und das Atrium (keine Sorge, Sie müssen sich diese Begriffe nicht merken) des Geschlechtstraktes etwas größer und breiter als bei der Roten Wegschnecke, und das war es schon an Unterschieden. Da sich beide Schnecken sonst so verdammt ähnlich sehen wie eineiige Zwillinge, kann man mit gutem Recht davon sprechen, dass hier eigentlich nur ein kleineres Geschlechtsteil unter Schutz gestellt wurde. Eine Art Schneckenmösendiversität, die uns irgendwie bereichert und deswegen nicht aussterben darf.

Spanische Wegschnecken haben aber nicht nur weibliche, sondern auch männliche Kleinodien, denn sie sind Hermaphroditen und sehr »phro« darüber, weil sich dadurch alle zwischengeschlechtlichen Missverständnisse und Gendervorbehalte von vornherein erledigt haben. Hitzige Debatten über toxische Maskulinität oder hysterischen Feminismus können sie als Selbstgespräch absolvieren. Und im Falle einer aus dem Ruder gelaufenen Betriebsfeier können sich Spanische Wegschnecken sogar selbst belästigen.

Treffen sich zwei Spanische Wegschnecken in Fortpflanzungslaune, umkreisen sie sich und legen dabei eine Schleimspur. Genau das, was Frauen an Männer so hassen, nämlichen anschleimen und vollschleimen – hier führt es zum Erfolg. Haben sich die beiden Schleimer nämlich füreinander erwärmt, verwickeln sie sich ineinander und begatten sich gegenseitig. Das geht, wie nicht anders zu erwarten, im Schneckentempo vor sich und dauert deswegen drei bis vier Stunden. Wenn eine Spanische Wegschnecke in der Hitze ihrer Brunst ruft: »Ich komme!«, dann können Sie also ruhig noch mal eine Runde ums Haus gehen, und wenn Sie zurück sind, kommt sie immer noch. Anders als bei einem Verkehr zwischen Männchen und Weibchen befruchten sich Schnecken gegenseitig, so dass es am Ende ziemlich gerecht zugeht und nach einer wilden Nacht unterm morschen Brett beide schwanger sind und sich keiner beklagen kann. Wenn das bei Menschen der Fall wäre, würden viele Männer auf dem Münchner Oktoberfest Lederhosen mit Sicherheitsschlössern tragen, anstatt hinterm Festzelt alles zu begatten, was auch nur im Entferntesten nach einem Dirndl aussieht. Leider legen dadurch auch beide Wegschneckenarten die doppelte Menge, nämlich rund sechshundert Eier, und das auch noch an unzugänglichen Stellen. Wenn nicht ab und zu ein unschön anzuschauender, aber wohltuend gefräßiger, Boa-constrictor-ähnlicher Tigerschnegel (den Sie bitte alle leben lassen, egal, wie sehr er Sie ekelt) vorbeikäme, wäre alles essbare Grün in den Gärten und auf den Feldern schon von Spanischen Wegschnecken aufgefressen, bevor es mehr als drei Blätter hat.

Die Kanadische Goldrute

»Lass uns noch eine Runde durch die Anlage gehen«, meint meine Frau an diesem sommerwarmen Abend, als wir die Geräte in den Schuppen hängen. Meine Frau wandelt gern im Licht der untergehenden Sonne noch einmal durch die Kleingartenanlage. Angeblich, um zu sehen, wie es anderswo wächst und gedeiht, und sich Anregungen zu holen, was wir auch mal anbauen oder pflanzen könnten. In Wirklichkeit aber schnuppert sie mit ihrem Näschen nach äußeren Anzeichen dramatischer Konflikte bei den Gartenpächtern. Denn das ist ja das hervorstechende Merkmal des Kleingartens, dass man in ihn einfach so hineinsehen kann und folglich das Sein und Wirken seiner Bewohner in Beet und Kultur erkennen und deuten kann. Ich nenne das Gartenforensik. Eine gute Gartenforensikerin wie meine Gemahlin kann an kleinsten Zeichen wie einem schon drei Wochen nicht gemähten Rasen (blühen schon die Gänseblümchen?) oder einem nur halb umgesetzten Kompost erkennen, ob was im Argen liegt oder nur ein längerer Urlaub ansteht.

Wir kommen zum Garten von »Was machst du denn da?«-Danni und dem »Häcksler«. »Was machst du denn da?«-Danni heißt so, weil sie jedes Mal empört »Was machst du denn da? Lass das stehen! Das blüht doch so schön!« ruft, wenn ihr Mann irgendetwas ausrupfen will. Nicht mal Vogelmiere darf er ausreißen. Jede Hand in Richtung Beet wird von einem schrillen »Aber was soll denn das? Was machst du denn da?« gestoppt, und dann zuckt er immer zusammen und geht lieber zu seinem Häcksler, um alles zu häckseln, was man häckseln kann.

»Da ist was im Busch«, sagt meine Frau.

Ich gucke in den Busch, aber da ist nichts.

»Er hat sonst jedes Jahr im Juli die alten Triebe bei den Johannisbeeren zurückgeschnitten«, führt das Weib weiter aus. »So was vergisst man nicht einfach.«

Ich begreife, dass sie vom »Häcksler« spricht.

»Und wenn ein Mann seine Triebe nicht zurückschneidet, was passiert dann?«, fragt sie mich mit der Eindringlichkeit einer geborenen Lehrertochter.

»Der Trieb nimmt überhand!«, antworte ich brav.

»Richtig!«, sagt meine Frau, »Der hat 'ne andere.«

Sie weist mit der Hand zu einzelnen Stellen des Tatorts, als würde sie dort Markiertäfelchen für den Kriminalfotografen anbringen.

»Er war jedenfalls schon ewig nicht mehr da. Sie hat noch was gemacht im Garten. Aber nicht viel. Nur Frauenzeug. Hier hat sie verblühte Rosen abgepflückt. Da zwischen den Erdbeeren ein bisschen gegrubbert.«

Sie wendet sich wieder zu mir, um sich an meinem erstaunten Gesicht ob ihrer seherischen Fähigkeiten zu ergötzen. Doch ich erkläre ungerührt:

»Warum sollte er nicht gegrubbert haben?«

»Hast du schon mal gegrubbert? Männer grubbern nicht«, bestimmt meine Frau, »Männer bearbeiten den Boden grundsätzlich am langen Stiel. Mit Hacken und Spaten. Immer auf Distanz. Männer knien nicht nieder. Es ist ihnen zuwider. Vor allem, wenn sie älter werden. Hat wahrscheinlich irgendwas mit den größer werdenden Hoden im Alter zu tun.«

Ich muss ihr irgendwie recht geben. Mehr als recht.

»Ich hätte mich aber auch davongemacht«, solidarisiere ich mich mit dem »Häcksler«. »Wo er nicht mal die widerliche Goldrute ausreißen durfte, die hier überall mitten im Beet hochkommt. Goldrute nicht ausrupfen dürfen, ist nun wirklich das Letzte.

Diese Blühpeitsche, die sich als Gartenpflanze ausgibt. Nur völlig ahnungslose Kleingärtner lassen sich von den winzigen Bimmelblüten der Goldrute korrumpieren. Die denken immer, ach, was für ein feines Rispengelb, das kann man doch recht artig in einen Blumenstrauß flechten. Dabei ist es die gelbe Pest! Nächstes Jahr ist hier alles voller Goldruten. Du hast recht, es ist vorbei mit dem ›Häcksler‹. Er lässt jetzt woanders was stehen …«

Die Frau rügt mich für das frivole Wortspiel. Sie möchte einen kultivierten Mann. Aber dafür müsste sie wahrscheinlich noch mal heiraten.

So gehen wir weiter, und ich fahre mit dem hitzigen Vortrag über meine Goldrutenabscheu fort: »Wenn ich von Goldrute spreche, meine ich natürlich zuerst und vor allen anderen die Kanadische Goldrute, diese trickreiche Vordränglerin in allen Gärten. Wie sie immer erst unschuldig tut als kleines Pflänzchen mit ein paar lanzettartigen Blättern, leicht zu verwechseln mit all den anderen artigen Blumen, die man sonst hier gepflanzt haben könnte. Und dann Mitte August macht es zack und bumm, und dann steht sie da, bisweilen zwei Meter hoch mit ihren Blühwedeln, und schwingt die güldenen Rispen im Spätsommerwind.«

Ja, die Kanadische Goldrute erinnert mich doch sehr an die langen Burschen, die sich an der Getränketheke im Schweriner »Achteck« immer an mir vorbeischoben und, meiner nicht achtend, »Zwei Cola-Wodka!« riefen, als wäre ich Teil der Bestuhlung. In Scharen kamen sie, wischten mit ihren Gürteln an meiner Wange vorbei und holten sich ihre Mixgetränke, während ich in unfroher Nüchternheit versuchte, der Bardame irgendwelche schüchternen Zeichen zu geben.

Und so ist die Kanadische Goldrute!

Macht sich lang und macht sich breit, und nichts darunter kann mehr bestellen, sorry, gedeihen. Auch die Sonnenblume oder die Königskerze streben zu großer Höhe auf, aber sie tun das als Solitär. Neben und unter ihnen findet weiter Leben statt. Nicht so die Kanadische Goldrute. Sie ballert en masse nach oben und wedelt da ab Mitte August mit ihren Piepsblüten rum. Und das macht sie mit Absicht. Wo doch schon so viel verblüht ist, freut sich die sentimentale Kleingärtnerin über ein bisschen spätes Gelb. Wenn dann noch eine Biene drauf landet und sie mit ihrem Gewicht zum Niederbiegen bringt, dann lacht der Bienenfreundin Herz, und sie lässt sie stehen. Aber die Kanadische Goldrute bildet ganze Felder, wenn man sie auch nur ein Jahr in Ruhe lässt. Außerdem verwandeln sich die Blüten der Kanadischen Goldrute am Ende in schnödes Grau und sehen dann aus wie eine

Legion Heizkörperbürsten. Ein Eindruck, der sich auch deswegen aufdrängt, weil die Kanadische Goldrute mit zunehmendem Alter untenrum die Blätter verliert, der Stängel also kahl wird. Untenrum kahl werden ist zwar die bessere Hälfte des Kahlwerdens, und ich persönlich hätte überhaupt nichts gegen diese Version, aber ich komme vom Thema ab …

Die Kanadische Goldrute ist als Mitbringsel und Einschleppsel schon so alt, dass man sie gar nicht mehr richtig als Neophyt, als gebietsfremde Pflanze, bezeichnen kann. In Europa gibt es sie, seit Kanada »entdeckt« wurde. Aber sie durfte zunächst nur in des französischen Königs Gärten ein paar Stängel recken, wo die strengen Buchsbaumscherenschneider von Versailles sie unter Kontrolle hielten. Dann endete das Rokoko und die Zeit des parfümierten Lustwandelns durch Stutzgärten, und es kam die Revolution und die Demokratie und die Industrie und schließlich der Kleingarten für jedermann, und so kam es, wie es kommen musste.

Während es die Kanadische Goldrute Hunderte Jahre nicht aus den königlichen Gärten hinausgeschafft hatte, samte und wurzelte sie sich jetzt durch die Gartenparzellen der kleinbürgerlichen Blühfreunde und sprang schließlich von dort in die moderne Welt, wo es an Bahntrassen und auf Brachflächen die mürbe Erde gab, die sie braucht. Auch wenn es dem Bundespräsidenten sauer aufstoßen mag: Es gab Dinge, die die Monarchie besser im Griff hatte. Die Kanadische Goldrute zählt dazu.

»Ich hatte immer so eine hohe Meinung von Kanada«, sagt meine Frau, »Kanadier sind doch alles nette Leute. Kanada war immer das Land, in das ich am liebsten auswandern würde, wenn ich nicht mit dir zusammenleben müss … äh, wollte. Kann man die Kanadische Goldrute nicht umbenennen, um Kanada zu schützen und die Leute ein bisschen gegen diese Pflanze aufzubringen? Wie wäre es mit Gemeine Wucherrute? Klingt irgendwie aggressiver, oder?«

»Hundsgemeine Trug- und Wucherrute!«, ergänze ich, »die will niemand im Garten haben! Die reißt jeder sofort aus!«

Meine Frau bleibt stehen und zeigt auf den Garten von Urte, der vor sich hin wuchert, als bitte er um Abmahnungen vonseiten des Gartenvorstands und um Räumfristen.

»Da hast du deine Hundsgemeine Trug- und Wucherrute! Einen ganzen Wald!«

Gartenfreundin Urte ist Heilpraktikerin und hat den Garten erst vor zwei Jahren gepachtet, obwohl es darin aussieht, als wäre er schon seit zehn Jahren verwaist. Die Gartenforensik meiner Frau kommt hier an ihre Grenzen.

»Sie ist jeden Tag im Garten. Aber sie macht praktisch nichts«, urteilt meine Frau.

»Sie redet mit den Pflanzen«, erkläre ich ungewohnt sanftmütig, während ich schaue, ob ich Urte irgendwo entdecke.

»Ja, die Pflanzen hören aber offenbar nicht zu. Hier ist alles Kraut und Rüben. Eine Lotterwirtschaft!«, sagt meine Frau so laut, dass man es sicher auch noch fünf Gärten weiter hören kann.

Und dann erspähe ich Urte.

Sie schwebt durch die Staudenblüten des Spätsommers wie in einer Timotei-Shampoo-Werbung aus den achtziger Jahren jenes wunderbaren Jahrhunderts, in dem ich ein junger Mann war. Ach, wie sie sich hier und da herniederbeugt in ihrem luftigen Kleid, um ein Kräutlein für ihren Wildkräutersalat zu zupfen. Wie sie dabei das gülden glänzende Haar hinter die Ohren sich streicht, um die Anmut ihrer Wangen nicht ganz dem Anblick des vorüberwandelnden Kleingartenvereinsfreunds zu entziehen. Ach …

»Hallo, meine Liebe!«, ruft meine Frau Urte zu, als wir schließlich ganz vor ihrem Garten angekommen sind, »warum sagen Sie denn nichts?«

Mein Weib lächelt überfreundlich, wie immer, wenn sie über Umwege auf ihr Anliegen zu sprechen kommen will.

»Was sollte ich denn sagen?«, schwebt die liebliche Urte an den Zaun.

»Na, dass Sie keine Gartengeräte haben! Wir könnten Ihnen doch Hacke und Harke leihen. Das ist doch gar kein Problem. Sie müssen sich doch nicht zuwachsen lassen.«

»Ich lasse das alles bewusst so«, erklärt Urte, »wie Gott das eben wachsen lässt.«

»Ja, aber dann ist der liebe Gott beim Bestellen Ihres Gartens wohl auf der Tastatur eingeschlafen. Sie haben da gefühlt eintausend Kanadische Goldruten stehen. Das kann der nicht so gewollt haben.«

»Goldrute nimmt schnell überhand«, versuche ich den Sarkasmus meiner Frau zu mildern, »Sie sind ja ganz offensichtlich mutterseelenallein in diesem Garten. Vielleicht kann ich Ihnen anbieten, dass ich mal …«

»Ja«, unterbricht meine Frau, »mein Mann, mein mir seit Langem angetrauter Ehemann, kann Ihnen gerne mal erläutern, was die Kanadische Goldrute für ein furchtbares Unkraut ist. In jedem Fall gehört sie nicht zu Arten, die wir im Garten hegen wollen. Kleingarten heißt ja Anbau. Obst, Gemüse, Salate. So was haben Sie ja offenbar gar nicht.«

»Aber ja«, lässt Urte ihr zartes Stimmchen vernehmen, »ich ernähre mich doch aus dem Garten. Ich mache mir den Wegerich, Löwenzahn, Giersch und Sauerampfer in den Salat. Ich habe letzte Woche Haselnüsse geerntet. Wollen Sie welche?«

»Tut mir leid! Allergie!«, lügt meine Frau, um keine Verbindlichkeit aufkommen zu lassen. »Was ist mit dem Brennnesselzeug da hinten? Das muss nun wirklich nicht sein.«

»Das ist mein Tee! Damit entschlacke ich!« Urte blickt mit ihren wunderblauen Augen auf wie die Unschuld im russischen Märchenfilm.

»Aber was wollen Sie denn entschlacken?«, werfe ich ein, »so eine junge Frau wie Sie!«

»Wenn sie sagt, sie ist voller Schlacke, dann ist sie das!«, weist mich mein Weib zurecht.

»Ich habe auch Topinambur da drüben«, lässt

Urte ihre Lilienfinger in die Richtung fliegen, »und Nachtkerze und wilden Meerrettich. Das sind alles wunderbare Wurzelgemüse. Im Herbst gehe ich an den See und hole mir Rohrkolbenwurzeln. Da mache ich Mehl draus. Es ist doch alles da in der Natur. Wir müssen es nur sehen und nutzen.«

Sie hört sich so sanft an, als lägen wir alle in ihrem Schoß vor einem prasselnden Kaminfeuer.

»Ja, sorry, aber die Kanadische Goldrute muss raus«, sagt meine Frau, damit ich Urte nicht noch weiter anhimmele, »die samt und wurzelt hier in andere Gärten. Ich glaube, ich spreche im Namen aller Gartenfreunde, wenn ich Sie herzlich bitte, dieses Unkraut zu vernichten. Mein Mann bringt Ihnen gerne ein Dose Roundup Unkrautfrei aus dem Gartenmarkt mit.«

Zufrieden schaut meine Frau auf Urte, die kurz gegen den Drang ankämpfen muss, sich zu übergeben. Dann hat sie sich wieder gefangen und schüttelt wild ihr zauberhaftes Haar.

»Aber sehen Sie doch. Alle Goldrutenarten haben eine Unzahl nützlicher Zwecke«, sagt Urte. »Die Riesengoldrute ist zum Beispiel eine wichtige Heilpflanze in der Männergesundheit.«

»Was wären wir Männer bloß ohne unsere Riesengoldrute«, lache ich herzlich. Meine Frau schießt mir einen Blick aus engen Augenschlitzen herüber.

»Oder als Tee, wenn man Beziehungsprobleme hat.«

»Gut, wer's braucht.« Meine Frau zuckt mit den Schultern.

»Ich trinke Goldrutentee oft bei seelischen Belastungen«, erklärt Urte, »zum Beispiel bei Enttäuschungen.«

»Der Rat kommt zu spät«, sage ich, weil ich von einer Mutti erzogen wurde, die bei allen schulischen Scherereien immer »so enttäuscht« von mir war, dass ich mir irgendwann lieber körperliche Züchtigungen wünschte. Ausgerüstet mit diesem Wissen hätte ich damals sagen können: »Bevor du in mein Hausaufgabenheft schaust, mache ich dir erst mal einen schönen Goldrutentee!«

»Ein Bad in Goldrutenwasser hilft bei Hämorrhoiden«, weiß Urte noch zu berichten.

»Ah, das ist doch was für dich«, wendet sich mir meine Frau zu, »du jammerst doch immer über deine Hämorrhoiden.«

Sie dreht sich wieder zu Urte.

»Und wie er jammert! Sie machen sich keinen Begriff!«

»Wir müssen los«, sage ich, »die Sonne geht gleich unter, und meine Frau sieht im Dunkeln nicht mehr so gut. Das Alter …«

Wir gehen davon, als uns Urte noch hinterherruft: »Und aus der Kanadischen Goldrute mache ich mir auch meine Haarspülung. Die wirkt Wunder!«

Meine Frau wirft ihr immer noch recht bedeutendes Haar mit einer kurzen Kopfbewegung schnippisch hin und her. Aber ich weiß, was sie demnächst hinter verschlossenen Badezimmertüren tun wird.

Und ich weiß auch, was sie rufen wird, wenn ich mich demnächst in den wilderen Ecken unseres Gartens nach ein, zwei hinterlistig hochgekommenen Goldruten bücke.

»Was machst du denn da? Nein, lass das. Ein paar können ruhig stehen bleiben. Für die Bienen im Herbst.«

Der Ochsenfrosch

»Hast du geübt?«, fragt mich Jürgen, während ich die Jacke überziehe und den Helm aufsetze. Statt einer Antwort gebe ich einen tiefen Grunzlaut von mir. Jürgen nickt zufrieden. »Ich schwitze jetzt schon«, sage ich, während mir Jürgen die Gesichtsmaske am Hinterkopf festzieht. »Du sollst ja auch nicht rumrennen wie ein Blöder«, meint Jürgen, »einfach ruhig die Position wechseln, nachdem ich geschossen habe!« Der Inhaber murrt jetzt, dass auch Jürgen eine Brille aufsetzen müsse. Wäre Vorschrift, auch wenn er der Einzige sei, der hier rumballert. Und überhaupt dürfe er das Licht nicht ganz ausmachen, sondern nur dimmen. »Wenn ich schon nicht mit verbundenen Augen schießen darf, dann aber wirklich richtig runterdimmen«, verlangt Jürgen. Dann fragt er, ob ich nicht vielleicht noch etwas hüpfen könnte, um es realistischer zu machen. Ich schüttele den Kopf. »Nö nö. Ich springe hier überhaupt nicht in die Höhe! Nachher ballerst du mir noch die Kronjuwelen weg!« Der Inhaber wirft jetzt ein, das wäre gar nicht möglich, da die Hosen einen Extratiefschutz eingearbeitet hätten, der jeden Impact abpuffern würde. Das wäre ebenfalls vorgeschrieben. Sonst würde bei den hiesigen Junggesellenabschieden öfter mal die folgende Hochzeitsnacht wegen blauer Bommeln ausfallen.

Wir sind in einem Paintball-Center im Badischen, und Jürgen will mich abschießen, sobald ich ein Grunzen von mir gebe. Das Grunzen hört sich an wie »Brooaah! Brooaah!« und klingt wie ein magenkranker Brontosaurus. Zwanzig schweißtreibende Minuten husche ich im Dämmerlicht mal hier hin und mal da hin und grunze »Brooaah!«. Jedes zweite Mal macht es batsch auf meiner Weste oder auf der Maske. Der Inhaber guckt sich das eine kleine Weile an, dann geht er angewidert raus.

»Ihr seid perverse Typen«, meint er kopfschüttelnd, als wir ihm die Schutzkleidung und die Waffe zurückgeben. »Der eine ballert los, wenn der andere grunzt. Das ist kranker Mist! Ich will euch hier nicht noch mal sehen!«

Aber Jürgen lehnt sich über den Tresen und meint: »Wir haben das auch für dich getan, Meister. Du wirst mir noch dankbar sein!«

Er tippt auf die besudelte Jacke und den bekleckerten Helm.

»Ich habe heute zwanzig von vierzig möglichen

Ochsenfröschen erledigt. Ich habe die männliche Population halbiert. Nach Gehör! Wer, bitte, kann das in diesem Land?«

»Ah ja? Ochsenfrösche halbiert? Nach Gehör? Alles klar, mein Freund!«, meint der Paintball-Verleiher, weil er Jürgen jetzt für noch geistig verwirrter hält als eh schon.

»Meine Ohren schützen deine Ohren«, flüstert Jürgen jetzt, während der Inhaber schon ein bisschen nach Hilfe und Polizeiruf äugt, »du willst nicht eines Tages abends im Frühsommer das Fenster öffnen, während im Teich vor deinem Haus hundert Ochsenfrösche ihre Brunstlaute von sich geben. Und nächstes Jahr dann tausend! Tausend mal …« Er holt sein Handy hervor und spielt den dumpfen Ruf ab. »Brooaah!«

Wir gehen, aber kurz vor der Tür ruft Jürgen noch: »Guck dir mal den Film *Magnolia* an. Von Paul Thomas Anderson. Die Szene, wo es Ochsenfrösche regnet. Weil ein Tornado die aus ihrem Teich gesaugt hat und über der Stadt verteilt. Guck es dir an und frage dich, ob du das auch hier in Deutschland willst! Anderthalb Kilo pro Frosch! Aus großer Höhe!«

Der Inhaber macht nicht den Eindruck, als ob er amerikanische Arthouse-Filmtipps von Verrückten annimmt.

Aber Jürgen fährt fort: »Wir hatten dieses Jahr einen Tornado in Phillippsburg. Das ist schon verdammt nah dran an Germersheim, wo sie in den Baggerseen hausen. Und mit jeder Windhose, die über das Wasser rüsselt, steigt die Wahrscheinlichkeit, dass die Ochsenfrösche per Luftfracht auch in andere Gewässer getragen werden. Ochsenfrösche sind eigentlich Infanteristen, langsam, aber dann wären sie Luftlandetruppen! Verstehst du? Luftlandetruppen!«

Jürgen war in schönsten Friedenszeiten und, Gott sei's gedankt, also eher umsonst Panzergrenadier bei der Bundeswehr, und heute ist er leidenschaftlicher Jäger. Er ist ein Mensch des Projektilzeitalters. Selbstverständlich schießt er auf den »laufenden Keiler« im Schießkeller seines Jagdvereins. Er geht auch auf Treibjagden und stöbert im November durchs Gebüsch, um aufflatternde Fasane aus der Luft zu schroten. Aber sein Traum ist und bleibt, aufgenommen zu werden in den geheimen Kreis der offiziell ernannten und per Ausnahmegenehmigung agierenden Schützen, die von der Landesregierung Baden-Württemberg ins Feld geschickt werden, um dem Ochsenfrosch das Vordringen in die deutschen Lande zu verwehren. Einen Brückenkopf hat der dumpf quakende Unhold bereits errichtet, der Nordamerikanische Ochsenfrosch, im

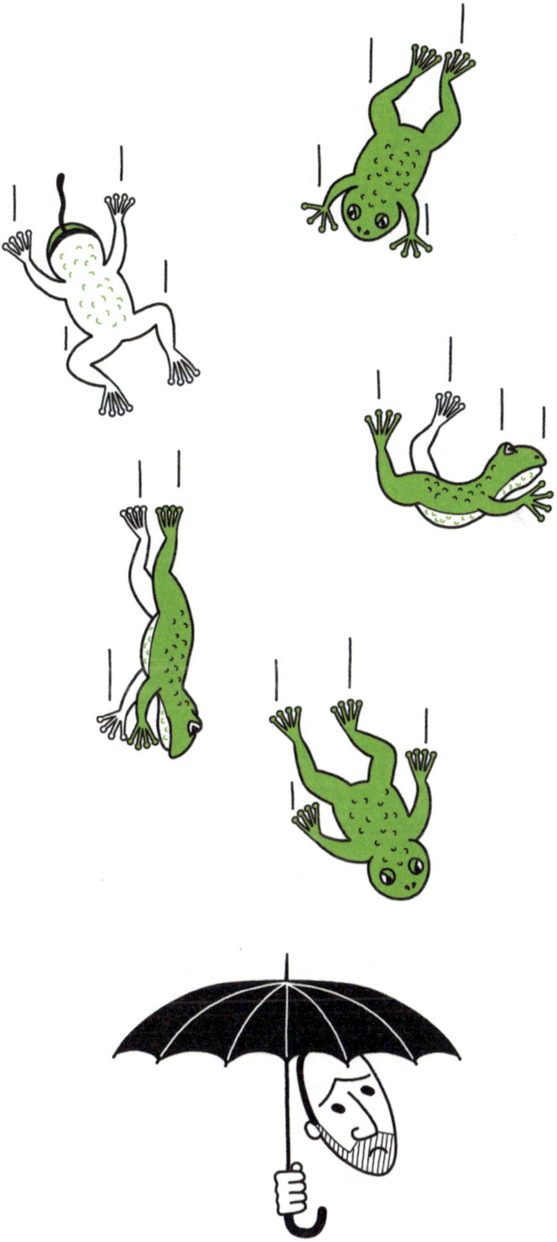

äußersten Süden des Landes, aber dort hat man ihn gestellt und eingekreist und bekämpft ihn nun per Schrotflinte oder Kleinkalibergewehr, wo immer er im Röhricht das brünstige »Brooaah!«, seinen Lockruf, ertönen lässt.

Wenige invasive Tiere dürfen sich auf die Fahne schreiben, einen so veritablen »Krieg« gegen sie entfesselt zu haben, wie der Nordamerikanische Ochsenfrosch. Wo die Verantwortlichen ansonsten gern mal nur ein Merkblatt aushängen, dass hier demnächst die Asiatische Hornisse den Aufenthalt im Freien leider unmöglich macht, oder den Widerstand gegen Raubfraß und Artenverdrängung lokalen Kleininitiativen überlassen, ruft im Falle des Nordamerikanischen Ochsenfrosches eine ganze Landesregierung zu den Waffen. Die Naturschutzbehörde beschäftigt nämlich nicht nur »Schützen«, sondern auch »Kampfschwimmer«, also Taucher, die nächtens die Kaulquappen der Ochsenfrösche einsammeln. Und als wäre das nicht schon genug, lässt sie bei neuem Nachweis auch mal ganze Teiche leer pumpen, um dann die guten Amphibien und die fiesen Riesenfrösche per Hand auseinanderzusortieren. Das ist viel. Das ist teuer. Aber der Monsterlurch hat es auch in sich. Das Gefährliche am Ochsenfrosch ist, dass er sehr einfach gebaut ist. Wo andere heimische Lurche lichte Laubwälder mit klaren Bächlein bei 21,2 Grad Durchschnittstemperatur im Sommer benötigen, um überhaupt in die Gänge zu kommen, ist dem Ami-Ochsenfrosch fast alles egal. Er ist eine sehr unkomplexe Schluckamphibie. So was wie ein Klappdeckeleimer auf zwei Springschenkeln. Er hat nur drei Schaltkreise im Gehirn. Der erste ist: »Ist es kleiner als ich? Dann schnapp es, schluck es, würge es runter!« Der zweite: »Ist es größer als ich? Spring weg, tauch ab!« Und der dritte: »Sieht es aus wie ich? Bloß in sexy? Rumpel es durch, bis der ganze Teich voller Laich ist!«

»Danke«, sagt Jürgen später im Auto, »danke, dass du dich für mich zum Ochsenfrosch gemacht hast! Wie hätte ich sonst den Deutschuss nach Gehör üben können?«

Sein Blick schaut versonnen geradeaus. Ich weiß, wovon er träumt. Er sieht sich schon im Patrouillenboot am Schilf vorbeigleiten, die Ohren gespitzt und die Waffe im Anschlag, um beim leisesten »Brrooaah« in den Uferschlick zu ballern. Als finsterer Terminator im Hollywood-Ochsenfrosch-Drama: »Sie quakten nach Liebe und fanden den Tod!«

»Gern geschehen«, sage ich, »aber als an Darwin geschulter Denker weiß ich nicht, ob es wirklich so eine gute Idee ist, alle quakenden Ochsenfrösche zu erschießen.«

»Wie meinst du das?«

»Ich denke, die Ochsenfrösche werden sich diesem Jagddruck anpassen, es werden einige überleben, die aus irgendwelchen Gründen nicht quaken. Stumme Ochsenfrösche, die sonst nie an die Weibchen gekommen wären, weil sie das Maul nicht aufkriegen. Evolutionstheoretisch wird hier auf ein einzelnes Merkmal Selektionsdruck ausgeübt. Nach ein paar Generationen wird es Ochsenfrösche geben, die sich still mit Handzeichen verständigen.«

»Das wird nicht passieren«, meint Jürgen, »der Ochsenfrosch muss quaken, sonst weiß die Ochsenfröschin nicht, wer der beste Bulle im Teich ist. Stille Handzeichen waren noch nie ein Marker für evolutionäre Fitness, sonst würden Bibliothekare mit ihren Butterbrottaschen begehrter sein als Heavy-Metal-Rocker auf ihrer Harley-Davidson.«

Jürgen ist zuversichtlich, dass dieser Krieg, der Krieg gegen den Ochsenfrosch, endlich einmal zugunsten des Menschen ausgeht. Und zwar wegen seiner dann doch vergleichsweise langsamen Ausbreitungsgeschwindigkeit. Denn der Nordamerikanische Ochsenfrosch ist eine Art, die viele Vorteile invasiver Spezien besitzt, aber zwei gewaltige Nachteile. Erstens: Er ist weithin zu hören. Bisamratte und Nutria konnten sich ins Hiesige einschleichen, weil sie beim Sex den Mund halten können. Der Nordamerikanische Ochsenfrosch kann das nicht. Er muss quaken, um sich fortzupflanzen.

Und er muss hopsen, wenn er zum nächsten Weiher will. Die Tigermücke, der Buchsbaumzünsler, der Japankäfer – sie alle können sich über die natürlichen Hindernisse der deutschen Lande hinwegsetzen, indem sie fliegen. Selbst die grobianische Schwarzkopf-Ruderente muss – anders als der Name suggeriert – nicht rudern, sondern kann von Gewässer zu Gewässer flattern, um endlich die schüchterne Weißkopf-Ruderente zu bastardisieren. Wenn Sie das Wort »bastardisieren« nicht kennen, aber irgendwie fühlen, dann kann ich Ihnen sagen: Es ist genau das, wonach es klingt. Zugegebenermaßen braucht die träge Schwarzkopf-Ruderente einen besonders langen Anlauf, um aus dem Wasser abzuheben. Sie ist sozusagen der Airbus A380 unter den Enten. Manchmal landet sie in zu kleinen Teichen und kommt von da nicht mehr *up in the air* und watschelt dann fluchend bis zum nächsten größeren Gewässer. Sprechen Sie Schwarzkopf-Ruderenten nicht an, wenn Sie ihnen irgendwo auf einem Feldweg begegnen. Die haben den Schnabel echt gestrichen voll.

Der Nordamerikanische Ochsenfrosch (es sei denn, eine Windhose erbarmt sich seiner) hingegen muss hopsen, wenn er in den nächsten Teich will.

»Hopsen ist eine der auffälligsten und dämlichsten Fortbewegungsarten«, erklärt Jürgen, »niemand hopst, wenn er nicht hopsen muss. Das weiß jeder, der schon mal im Ferienlager beim Sackhüpfen dran war. In den unberührten Weiten Nordamerikas mag das noch angehen. Dort gibt es fast in jedem Bundesstaat einen Ort namens Hopsen.«

»Du meinst Hobson«?

»Ja, ich meine Hobson! Hobson ist das amerikanische Wort für Hopsen.«

Ich rolle mit den Augen. Jürgen verzieht keine Miene.

»Frösche hopsen nicht, weil sie dumm sind«, sage ich, »sondern weil Springen gut funktioniert, wenn es darum geht, Krokodilen oder anderen Fressfeinden zu entkommen. Es heißt ja nicht umsonst, dem Tod von der Schippe springen. Niemand krabbelt oder klettert dem Tod von der Schippe.«

»In den dicht besiedelten Landschaften Westeuropas hingegen«, fährt er fort, »ist Hopsen für Großamphibien keine Option. Überall Autos und Lastenfahrräder. Der Ochsenfrosch hopst zwei Meter weit. Und wer springt, kann nicht die Richtung wechseln. Niemand hopst um die Ecke. Ein Ochsenfrosch beim Hopsen ist so was wie die Titanic in voller Fahrt. Dann macht es batsch.«

Jürgen nimmt kurz die Hände vom Lenkrad und verfolgt mit einer imaginären Schrotflinte einen Frosch im Kurzstreckenflug.

»Wir kriegen sie dran. Sie kommen nicht durch. No pasáran.«

Es ist übrigens nicht ganz klar, wie der Nordamerikanische Ochsenfrosch überhaupt nach Deutschland gelangte. Zwar gibt es üppige Populationen in der italienischen Po-Ebene, aber zwischen dieser und den badischen Gewässern liegen immer noch die bekanntermaßen eher froschfeindlichen Alpen, und der Ochsenfrosch ist nicht gerade eins der Tiere, die man mal eben unbemerkt in der Krempe seines Strohhuts einschleppt. Auch verborgen in der Manteltasche verändert er nachhaltig das Gangbild des Mantelinhabers. Denkbar wäre, dass immer wieder mal einer aus einer französischen Restaurantküche entwich, nachdem ein paar seiner Kumpel als ausgebackene Schenkel in einem Zitronen-Thymian-Jus an ihm vorübergetragen wurden, aber warum er dann zuerst rechts des Rheins entdeckt wurde, während er auf der Frankreich zugewandten Seite noch völlig fehlt, bleibt ein Rätsel. Eher schon dürften die ersten Ochsenfrösche hierzulande von deutschen Terrarienfreunden ausgesetzt worden sein, denn der Nordamerikanische Ochsenfrosch ist genau die Art Terrarienlurch, die man schnellstens bereut, angeschafft zu haben. Nicht nur, weil er alle anderen Mitbewohner im Glasgehege verschluckt, bevor die noch »Hallo, ich bin übrigens der Bernd!« sagen können, sondern auch, weil er als nachtaktives Tier seinen Brunstruf, Marke magenkranker Brontosaurus, genau dann erschallen lässt, wenn eigentlich Ruhe im Kasten sein soll. Eigentlich erwirbt man mit einem Ochsenfrosch ein lebendes Nebelhorn. Und das für fünfundvierzig Jahre! So alt wird nämlich der Ochsenfrosch in »Gefangenschaft«, wobei hier dann doch die Frage wäre, wer eher das Zeitliche segnet, der gefangene Frosch oder sein zu Tode genervter Wärter.

Hinzu kommt, dass der Ochsenfrosch nicht schläft. Er macht nicht mal ein Nickerchen. Er ist immer wach. Man hat das in einem nicht sehr feinen Experiment herausgefunden, wo man Ochsenfrösche tagelang zu unmöglichen Zeiten mit kleinen Stromstößen malträtierte, um deren Reaktionsgeschwindigkeit zu messen. Sie war alleweil gleich. Kein »Himmel, was war das? Wo bin ich? Hab ich eben eine gewischt bekommen? Ich war wohl kurz eingenickt!«, sondern immerzu dasselbe kurz zuckende »Fuck!«. In einer Welt, wo alles mal schläft oder schläfrig schlurft, ist permanente Wachheit ein unangenehmer, ja unkollegialer Zug. Kein Terrarienfreund will einen Ochsenfrosch, der ihm gleichmütig den breiten Froschschädel hinterherdreht, wann immer er nachts zur Toilette schlafwandelt. Oder der mit großen unbewegten Schwiegermutteraugen zusieht, wie der nackte Terraristenhintern zwischen den Knien der befreundeten Terraristin auf und nieder geht.

Deswegen ist es mehr als plausibel, dass jemand diese niemals schlafende, alles verschluckende und brunstbröhlende Schluckamphibie loswerden wollte und sie kurzerhand irgendwo draußen am Baggersee aussetzte. Der Versuch, sie im Klo runterzuspülen, wie es die »Ich habe aber keine Lust mehr auf das Aquarium«-Kevins und Jason-Patricks dieser Welt gern mit ihren Guppys tun, würde sehr sicher eine Strangsanierung im ganzen Haus erforderlich machen.

Und abgesehen davon, konnte man vor ein paar Jährchen noch ganz legal-egal Ochsenfrosch-Kaulquappen im Zoofachhandel kaufen. War sicher ein gutes Geschäft. Es ist, wie schon angedeutet, schwieriger, Ochsenfrösche von der Vermehrung abzuhalten, als sie zu züchten.

Dann fährt Jürgen mit seinem Jeep von der Straße ab und rollt mit mir über ein paar Feldwege zu einem kleinen See. Wir steigen aus und gehen ans Ufer, wo eine kleine Badestelle den Schilfgürtel teilt.

»Hörst du's?«, fragt Jürgen.

Links und rechts von uns muht der Nordamerikanische Ochsenfrosch um Liebe. Fast ein friedlicher Laut, so tief und langgezogen, wie er ist. Wenn ich da an meinen Froschteich im Auwald denke: Da ist im Frühsommer die Hölle los. Alles quakt schrill durcheinander. Man versteht sein eigenes Wort nicht mehr.

»Eigentlich müsstest du jetzt eine Verschwiegenheitserklärung unterschreiben. Die konkrete Lage der Seen, in denen der Ochsenfrosch haust, ist geheim«, meint Jürgen. »Niemand darf wissen, welche Gewässer er schon erobert hat. Man will die Bevölkerung nicht beunruhigen.«

Er steht da wie ein Feldherr, der vom Hügel aus die heranstürmenden Horden der Barbaren überblickt. Ich hole einmal tief Luft, breite meine Lungenflügel aus wie ein Adler, der über einem Alpental kreist, und mache »Brrrrooooooaaaah!!«. Sofort brunstbröhlt es von allen Seiten. Aber ich war lauter. Da kommen sie nicht ran, an meine vier Liter Lungenvolumen. Selbst der größte Ochsenfrosch ist ein Winzling gegenüber dem Chefprädator dieses Planeten. »Brrroooooaaaah!!«, mache ich noch mal, um allen klarzumachen, wer hier das Quaken hat. Nach einer Weile macht es platsch, und eine Ochsenfröschin schaut aus dem Uferschlick herüber. Dann noch eine. Und eine dritte.

Jürgen klappt der Unterkiefer runter.

»Du hast die angelockt!«, ruft er fassungslos, »du bist der Ochsenfroschfänger von Grunzhausen. Du könntest die jetzt alle mitnehmen! Über Feld und Flur. Die ganzen Weibchen. Du könntest die ins Verderben grunzen. Damit wäre das Problem ein für alle Mal erledigt!«

Ich grunze noch mal und winke den Ochsenfroschweibchen, dass sie mitkommen mögen, mit mir! Ein Volk, ein Führer, ein Laich! Was wird sich die Landesregierung Baden-Württemberg das kosten lassen? 120 000 Euro gibt sie jedes Jahr für die Ochsenfroschbekämpfung aus. Das sollte mein Mindestpreis sein. Einmal im Jahr die badischen Tümpel abfahren, kurz attraktiv am Ufer brüllen, alle Ochsenfroschmädels rauslocken und eine gepfefferte Rechnung schreiben. Das wär's!

Aber Jürgen lässt meinen Traum von Ruhm und Reichtum schneller platzen als einen Luftballon auf einer Kaktusparty.

»Das wirst du schön bleiben lassen! Ich will mein Patrouillenboot, meine Waffe und meine fein gelegte Strecke erledigter Ochsenfrösche auf der Uferwiese!«

»Aber nimm doch Vernunft an«, rufe ich, »das wäre doch eine geniale Lösung!«

Jürgen schüttelt den Kopf.

»Du verstehst das nicht. Es gibt für jedes Problem zwei Lösungen. Eine geniale und eine männliche!«

Sogar der Sohn nimmt überhand

Ich habe einen Kleingarten, und deswegen habe ich nur kleine Obstbäume. Halbstamm. Viertelstamm. Darum habe ich auch nur eine kleine Leiter im Garten. Ich habe zu Hause eine sehr schöne, trittsichere und große Leiter, aber die hole ich jetzt nicht extra in den Garten, bloß weil meine Liebste mich gebeten hat, den Efeu vom Laubendach zu entfernen. Efeu ist ein schlimmes Wucherkraut, das an einem hochwächst, wenn man auch nur etwas länger an einer Stelle rumsteht. Es schiebt sich über die Beete wie eine Schwimmbadabdeckung über den Swimmingpool und es erklimmt eben auch luftige Laubendachhöhen, weil es tausend kleine Haftfüße hat wie ein Gecko.

Um bequem auf die Laube zu kommen, wäre die große Leiter von zu Hause ideal. Aber um unbequem auf die Laube zu kommen, ist die kleine Leiter völlig ausreichend. Ich meine, wer bin ich denn? Ich komme aus dem Turnsport. Ich könnte von unten an die Laubendachkante springen und mich mit einem einfachen Hüftaufschwung aufs Dach schwingen. Wenn meine Frau nicht die Arthrose in der Schulter hätte, könnte ich mich per Rückwärtssalto aus ihrer Räuberleiter hochwerfen lassen. So sieht's doch aus! Den freien Meter, den es zwischen Leiterende und Laubendach noch hat, mache ich doch mit einem Satz! Mühelos-locker-leicht! Doch die kleine Leiter ist eine Holzleiter und etwas verzogen. Und als ich auf ihrem obersten Tritt stehe, beginnt sie zu wackeln. Das ist schlecht. An einen Panthersprung ist nun nicht mehr zu denken. Ich halte mich also an der Dachkante fest und versuche, mein rechtes Bein auf die Dachpappe zu werfen, um mich so in stabiler Seitenlage aufs Dach zu wälzen, als die kleine, wacklige Leiter unter mir wegkippt. Kinder, die diesen Text lesen, sollten jetzt weggucken! Halbseitig schon auf dem Dach, hänge ich mit der anderen Hälfte meines Körpers in der Luft, die meinem frei verbliebenen Fuß keine Gelegenheit bietet, sich noch irgendwie abzustoßen. Ich baumele halbseitig, ich rutsche, ich kralle mich vergeblich in die schwarze Dachpappe, ich schramme und kratze und schmiere schließlich ab. Meine Ellenbogen halten mich noch ein paar Sekündchen auf dem Rand, dann kippe ich und falle herunter. In die Arme meiner in all dem Ächzen und Fluchen herbeigeeilten Frau, die mich auffängt wie einen kleinen Matz, der vom Klettergerüst plumpst. Als wäre das nicht schon Demütigung genug, lässt sie mich mit meinen Schrammen am Bauch (es ist Juli, und ich werde wohl demnächst nicht am Strand in Bauchlage schmökern können) stehen und zückt ihr Handy.

»Mein lieber Sohn, kommst du mal bitte in den Garten und bringst die große Leiter mit? Dein Vater ist hier gerade beinahe verunglückt mit der kleinen Leiter, als er den Efeu vom Laubendach holen wollte.« Zu meiner Überraschung bockt das Kind nicht, sondern ruft: »Ich komme! Bin gleich da!« Klar, das lässt er sich nicht entgehen, seinen Vater beim Alt- und Unbeholfenwerden zu erleben. Jugend fühlt sich ja gleich noch mal so jung und lebendig an, wenn bei den Bestimmern von einst das Ächzen losgeht. Wie er immer herbeispringt, wenn ich daheim was Schweres anheben will. »Lass mich das machen! Du verhebst dich nur!« Na klar ist er kräftiger. Eine aus unzähligen Hamburgern zusammengesetzte Statur wie einer dieser Wikinger aus seinen Computerspielen.

Und da kommt er schon! Trägt die große Leiter leicht auf der Schulter und wiegt den Oberkörper hin und her, als könne er damit den lieben langen Tag marschieren. »Mach Platz!«, ruft er und hüpft, schwergewichtig wie er ist, aber eben noch geschmeidig in den Gelenken, die Leiter hinauf. Schnappt sich den Efeu an zwei Zipfeln und ruppt und reißt und hat die dunkelgrüne Decke schon fast gelöst, als er nach einem besonders kräftigen Tritt sein weltberühmtes »Oh, oh!« erschallen lässt.

»Oh, oh!« heißt, der Tag wird so nicht weitergehen. Der Tag wird eine Wendung nehmen. »Oh, oh!«, sagte der Sohn, als er mit dem schweren Haftmagneten auf meinem Laptop herumgespielt und dabei die Festplatte gelöscht hatte. »Oh, oh!«, rief der Sohn, als ihm beim zweitägigen Wochenendausflug am Sonntag einfiel, dass er die Katze in meinem Zimmer mit dem hochflorigen Teppich eingesperrt hatte, den diese dann auch zuverlässig als Katzenklo benutzte. Und »Oh, oh!« hatte er gesagt, als er eines Wintertages nur am Küchenfenster gestanden und zugesehen hatte, wie mein Weib mit der schartigen Schneeschaufel den Schnee vom heiligen Blech unseres Pkws schabte, weil sie gerade so beim Schneeschaufeln war. (»Wir lackieren Ihnen die Motorhaube für viertausend Euro wieder so, dass das keiner mehr sieht«, hat die Autowerkstatt später gesagt.)

Dementsprechend große Augen schauen ihn an, als er von oben herab erklärt: »Ich bin hier irgendwo mit dem Fuß rein.« Ich gehe zur Gerätekammer, reiße die Tür auf und sehe die Schuhsohle meines Sohnes durch das Dach leuchten.

Ich wollte einfach nur einen Kleingarten. Einen kleinen Garten. Ein paar Blumen hier, ein bisschen Gemüse da. Ich wollte NICHT alle Gewerke dieser Welt erlernen! Ich wollte nicht Schreiner, Maler, Klempner und jetzt auch noch Dachdecker werden.

Hinzu kommt, dass meine Frau standardmäßig davon ausgeht, dass alle Reparaturen an der Laube Männersache sind. Sie sagt dann nur: »Guck mal hier, die Türangel hat sich gelöst. Kannst du das mal wieder festmachen?« Dann gucke ich und sehe, dass da auch noch ein Stück Mauer rausgebrochen ist und dass deswegen die halb vergammelte Tür nur noch an einem Scharnier hängt. Ist doch kein Ding, denkt meine Frau. Warum zieht er denn jetzt schon wieder so ein Gesicht? Bisschen Mörtel ansetzen, Klinker zuschneiden, einfügen und verspachteln, dann zwei Holzrahmen mit Schlitz und Zapfen fräsen und verleimen, Türblatt rein und Scharniere draufschrauben – fertig ist die Laube. Maximal drei, vier Arbeitstage in der Gemeinschaftswerkstatt. Soll sich nicht so haben, der Mann!

Deswegen bin ich jetzt ein bisschen wütend, nicht auf das mürbe Laubendach, sondern weil mir mein Sohn mit einem einzigen Tritt zu einem neuen Baumarktprojekt verholfen hat.

»Dieses Dach hätte noch zehn Jahre gehalten!«, klage und lüge ich zugleich, »alles nur, weil du verdammt noch mal zu schwer bist!«

»Ich bin überhaupt nicht zu schwer«, meint der Sohn beleidigt, »ich bin ein kompakter Typus. Das ist erblich. Denk mal an Urgroßvater, den Ofensetzer. Der war auch kompakt. Und quadratisch. Wenn er neben einem Ofen stand, wusste man nicht sofort, wer was ist!«

Der Sohn will mich als dünnlichen Sprilli, als mageres Schneiderlein, als bedauerlichen Micker-

ling in einer Erbfolge massiver Kraftmenschen darstellen. Sooo nicht!

»Du bist nicht kompakt. Du hast dir mindestens zwanzig Kilo Übergewicht angefressen!«

Meine Frau stößt mich jetzt an, weil der Sohn finster blickt und vielleicht noch ein zweites Mal, nun allerdings vor Zorn, auf das Dach trampeln will. Ich versuche also, auf die rein faktische Ebene zu wechseln.

»Was wiegst du denn? Sag mir doch mal, wie schwer du bist!«, rufe ich.

»Das geht dich gar nichts an! Ich wiege so viel, wie ich wiege!«, antwortet er.

»Wie viel?«, fordere ich, als könne ich dem Kinde immer noch mit Daddelentzug drohen.

»Vergiss es!«, meint denn auch der Sohn.

»Wenn es kein Übergewicht ist, kannst du es auch sagen«, verlängere ich diesen Schulhofschlagabtausch, aber der Sohn trotzt, und meine Frau meint jetzt, ich wäre übergriffig. Und übergriffig zu sein ist das Schlimmste, was ein Elternmensch im Europa des einundzwanzigsten Jahrhunderts machen kann. Ein Gewichtsabfragetrauma, das kann ich nicht wollen. Ich schweige also. Aber mein Schweigen ist ein grübelndes.

Wissen ist bekanntlich Macht, und die Frage ist doch, darf ich mich von meinem eigen Fleisch und

Blut so einfach zum Unwissen, zur Ohnmacht verdammen lassen? Könnte ich meinen Sohn nicht einfach unerwartet und »zufällig« in die volle Regentonne schubsen? Um hernach das herausgeschwappte Volumen mit dem ursprünglichen zu vergleichen, so wie es Archimedes tat, als ihm die Wanne beim Einsteigen überlief? Ich meine, jeder kann mal aus Versehen in eine Regentonne stürzen, da ist nichts Übergriffiges dabei. Andererseits müsste ich dann mühsam des Sohnes Dichte mit dem Volumen und der Auftriebskraft des Wassers aus der Regentonne in Beziehung setzen, und das sind mir ein paar Variablen zu viel. Es muss andere Möglichkeiten geben.

Nach einer schlaflosen Nacht beginne ich das Laubendachreparaturprojekt, unter tätiger Mithilfe meines Sohnes. Es fällt mir nicht leicht, denn wenn man erst mal damit anfängt, sich von seinem erwachsenen Kind helfen zu lassen, gewöhnt man sich schnell daran. Dann ist es nicht mehr weit, dass man einfach für alle Zeiten sitzen bleibt und immer nur geholfen bekommen will, bis man sich schließlich sagen hört: »Ach, mein guter Junge, such doch mal den Antrag für die Pflegeversicherung raus. Ich komm doch nicht mehr allein aus dem Sessel hoch …«

Nein, zusammen und unter Berücksichtigung der tragenden Elemente des morschen Daches reißen wir die Dachpappe herunter, sammeln sie in Säcken und fahren sie zur Sondermülldeponie, um sie dort für gut Geld entsorgen zu lassen. Als wir auf dem Hof ankommen, gehe ich in die Baracke, wo ein Giftmüller sitzt und wartet, dass jemand kommt, um seine Giftmüllsorgen bei ihm zu entsorgen.

»Ich habe hier vier Säcke mit Dachpappe abzugeben«, sage ich. »Was kostet das?«

»Das wird nach Kilogramm abgerechnet«, meint der Giftmüller.

»Wo haben Sie die Waage?«, frage ich.

Der Giftmüller blickt aus dem Fenster und sagt: »Sie stehen drauf.«

Ich gucke erst nach unten, aber dann schaue ich seinem Blick hinterher und merke, dass er mein Auto meint, das vor der Baracke gar nicht, wie gedacht, auf einem umrandeten Parkplatz, sondern auf einer im Asphalt eingelassenen Betonplatte steht.

»Wir wiegen das Auto vorher und nachher. Einmal mit der Dachpappe und einmal ohne die Dachpappe. Und aus der Differenz ergibt sich der Kilopreis und der Zahlbetrag«, erläutert er.

»Heureka!«, rufe ich.

Der Giftmüller schüttelt den Kopf.

»Heureka nehmen wir nicht. Heu müssen Sie zur Biogasanlage bringen.«

»Das ist Griechisch«, erkläre ich, »ich hatte nämlich gerade eine Idee. Kann ich mein Auto auch dreimal wiegen lassen?«

Ich beuge mich über den Tresen und flüstere ihm was ins Ohr. Der Giftmüller zuckt ein Einverständnis mit den Schultern, und ich rufe nach der ersten Bruttowaage den Sohn aus dem Auto in die Baracke, worauf das Auto noch mal gewogen wird. Dann fahre ich die Säcke um die Ecke und komme zum Wiegen noch einmal zurück ins Büro. Der Giftmüller zieht einen Papierstreifen aus dem Quittungsdrucker.

»Das ist der Betrag, den Sie bezahlen müssen, und hier unten steht der Rest, den Sie nicht bezahlen müssen. Der ist nur für Sie zur Information.«

Als wir wieder nach Hause fahren, beschnüffelt die Stütze meines Alters neben mir die Quittung.

»25 Euro für ABF. BITUM. – 30 kg«, liest er vor. »Aber was bedeutet 0,00 Euro für S. O. H. N. – 91,5 kg«?«

»Ich habe keine Ahnung«, lüge ich. »Bei diesen Verwaltungsabkürzungen blickt doch keiner durch.«

Dann drehe ich das Radio etwas lauter, weil sie

gerade Motörheads »Ace of Spades« spielen, und wir headbangen ein bisschen im Rahmen der Straßenverkehrsordnung. Der Sohn mit seinen langen Loden und ich ohne.

Die Stinkwanze

Eines schönen, weil frostigen Winters weilte ich bei meinem Freund Paul in Wien, um mit ihm ein Drehbuch zu schreiben. Er hatte mir seine Wohnung zur Verfügung gestellt, um mir ein Hotel zu ersparen, und war selbst kurzerhand zu seiner Liebsten gezogen. Als ich mein Zimmer bezog und meinen Koffer aufmachte, sagte Paul: »Ach, eins noch! Wunder dich nicht! Die ganze Wohnung ist voller Wanzen!« Ich sah ihn mit großen Augen an, doch er schien darob nicht übermäßig besorgt. Die Republik Österreich erfreut sich bekanntlich einer etwas anderen politischen Kultur, und vielleicht war das Abhören von Kulturschaffenden hier einfach morbide Lebensart. So dachte ich, aber Freund Paul belehrte mich schnell eines Besseren. »Die Wanzen kommen im Winter gern rein und krabbeln dann hier um. Die tun nix, aber sieh zu, dass du nicht drauftrittst oder sie zerdrückst.«

Das war leicht gesagt, denn tatsächlich entdeckte ich im Laufe des Abends ein gutes Dutzend dieser

Wanzen, die gemächlich hier und dort entlangstolzierten, als wollten sie sich in der lauschigen Winterresidenz ein wenig die Beine vertreten. Sie kannten keine Furcht, kletterten den Bettrahmen hoch und tappten über das Laken, was mir die Nachtruhe doch etwas perforierte, da ich mich vor jedem Umwälzen lieber umsah. Denn, so Paul, wenn man sie zerdrückt, werden sie echt stinkig.

Die Marmorierte Baumwanze ist ein gutes Beispiel, wie Insektenbestimmer regelmäßig Namen wählen, die völlig am Wesen des Tieres vorbeigehen. Natürlich unterscheidet sich die Marmorierte Baumwanze zum Beispiel von der Grauen Gartenwanze irgendwie durch winzigste äußere Merkmale, die ein scharfäugiger Naturfreund mithilfe eines Mikroskops nach minutenlangem Blinzeln vielleicht als eine Art Marmoriertheit beschreiben würde, aber das ist völlig ohne Belang. Es gibt andere, krasse Unterschiede! Wer eines dieser Kerbtiere mit dem Schuh zertritt, wird die »Marmoriertheit« dieser kleinen platten Krabbler denn auch weniger eindrucksvoll finden als vielmehr den gewaltigen unangenehmen Gestank, mit dem die Wanze ihre Seele aushaucht. Der Gestank ist ihr eigentliches Merkmal, und wir können nur Vermutungen über die mangelnde Körperhygiene des erstbenennenden Wanzenfreunds anstellen, dem dieses Merkmal nicht sofort in die Nase stieg. Zu seiner Ehrenrettung sei vermutet, dass er die Bestimmung an einem in Formalin eingelegten Exemplar vornahm.

Wenn die Marmorierte Baumwanze, wie schon geschehen, mit Weintrauben in die Presse gerät, wird aus dem edelsten Bordeaux kein ansehnlich marmorierter Rebensaft, sondern ein ekelhafter Stinkwein. Und auch verzweifelte Versuche, den guten Wein zu retten und wenigstens noch zu einem anständigen Weinbrand zu destillieren, endeten nur in hoch konzentriertem Gestank. So eine Stinke ist das! Der gleich unter der Nase befindliche Volksmund hat die Marmorierte Baumwanze denn auch Chinesische Stinkwanze genannt, und das mit gutem Recht, denn anders als der Großteil der neuen Arten im Garten sind bei dieser Wanze die Umstände der Einreise genauestens bekannt.

Als sich in den neunziger Jahren die chinesische Stadt Kunming bei der Stadt Zürich für Hilfe bei der Stadtentwicklung bedanken wollte, kam sie auf die Idee, der schweizerischen Kommune einen chinesischen Garten zu schenken, inklusive pittoresker Pagoden. Pagoden haben ja diese übereinandergestapelten Dächer, ähnlich mexikanischen Hutverkäufern, die ihre Waren sämtlich auf dem Kopf tragen, und dafür braucht es üppig Ziegel. Eigen wie der Chinese ist, mussten es natürlich original chinesische Ziegel sein, also nach allen Regeln des Feng-Shui und der pekinesischen Geomantik gebrannte Ziegel. Kerbtiere aber lieben Ziegel, denn Ziegel halten Regen ab und lassen Luft durch. Kein Insektenhotel kann auf Ziegel oder wenigstens gelöcherte Backsteine verzichten. Denn anders als das Lied behauptet, sitzt die Wanze nur ungern AUF der Mauer, wo sie gesehen und gefressen werden könnte. Viel lieber sitzt sie irgendwo drunter und drinnen, in Ritzen, von denen es nun in den filigran gemusterten Pagodendachziegeln für den original chinesischen Garten in Zürich allerhand gab. Und so erging es den Marmorierten Baumwanzen aus Kunming, die sich eigentlich nur wie immer in ein paar Ziegelritzen zurückgezogen hatten, wie der kleinen Dorothy im *Zauberer von Oz*. Ihr Haus, in diesem Fall eine Ziegelkiste, wurde in die Luft gehoben und landete nach ein paar Stunden Tausende Kilometer von der Heimat entfernt.

Doch anders als die kleine Dorothy, die sich verwundert die Augen rieb, als sie aus dem weich gelandeten Häuschen trat (kein Wunder, hatte es doch beim Aufprall eine böse Hexe zerquetscht) und das Land von Oz so gar nichts mehr mit der gewohnten Farm in Kansas zu tun hatte, wähnten sich die Marmorierten Baumwanzen nach dem

Flug immer noch in China. Schließlich war um sie herum alles original chinesischer Garten. Hier dräute ein Drachenkopf am Treppenrand, dort stand eine – wenn auch noch ungedeckte – Pagode. Nur ein ungewohnter Geruch von Rösti und Raclette schwebte nun durch die Luft. Da aber Marmorierte Baumwanzen nur Obst zu sich nehmen, dachten sie sich nichts weiter dabei und machten sich ans Werk, stachen Obst an, drehten den Saft auf und kletterten hernach herrlich rülpsend auf ebenfalls mitgereiste Wänzinnen und vermehrten sich prächtig. Eigentlich hätte die so verursachte gewaltige Stinkwanzenplage auf Zürich beschränkt bleiben können, wenn nicht handwerklicher Handel und Verkehr in ganz Europa wesentlich in Kisten vonstattenginge. So aber flüchteten die Wanzen immer wieder bei jedem Schlechtwetter in irgendwelche Kisten, wurden fortgetragen und rumpelten in Lkws über Autobahnen zu neuen Ufern.

Inzwischen gibt es sie fast überall und eben auch im winterlichen Wien. Parasitenforscher bezeichnen die in warmen Wohnungen überwinternde Marmorierte Baumwanze aka Chinesische Stinkwanze als »Lästling«, da sie angeblich keinen Schaden anrichtet. Das kommt sicher auf die Definition an: Wenn mit Schaden gemeint ist, dass die Chinesischen Stinkwanzen mit Baseballschlägern den

Hausrat kurz und klein schlagen, dann richten diese kleinen Bastarde tatsächlich keinen Schaden an. Aber wenn man in seinen eigenen vier Wänden gezwungen wird, auf Zehenspitzen zu gehen, um nicht zufällig auf eine dieser krabbelnden Stinkbomben zu treten, dann ist zumindest ein seelischer Schaden und eine erhebliche Beeinträchtigung der Wohnqualität in Anschlag zu bringen.

Sie sitzen in den Fensterrahmen oder laufen gemächlich die Scheuerleisten entlang. Fliegen tun sie indoor eigentlich nie, obwohl sie es könnten. Vielleicht ist es Rücksicht. Der Flug der Marmorierten Baumwanze (ein schöner Titel für einen Arthouse-Film) ist extrem laut und erinnert an die knatternden Plastikdeckel, die wir Jungs uns früher an die Fahrradspeichen geklemmt haben, um bei Fahrten im Wohngebiet alle darauf aufmerksam zu machen, dass wir bald in die Pubertät kommen. Möglicherweise ein Grund dafür, dass Marmorierte Baumwanzen nie dazu kommen, Touristen ihre Fischbrötchen aus der Hand zu stibitzen, wie es die blitzschnellen Möwen tun: Eine Horde Chinesischer Stinkwanzen mit räuberischen Absichten würde man schon eine Minute vorher am knatternden Anflug bemerken.

Jetzt, ein paar Jahre nach meinem winterlichen Wien-Besuch, ist die Marmorierte Baumwanze, wie wir sie noch einmal nennen wollen, schon längst per Kistenexpress in Sachsen angekommen, um auch hier die Leute zu belästigen oder Most- und Weinhersteller mit einem einzigen ängstlichen Furz um die Früchte ihrer Mühe zu bringen.

Ansonsten hatte Paul recht: Die Chinesische Stinkwanze tut nichts. Und zwar rein weg gar nichts. Auf geradezu unchinesisch faule Weise läuft sie durch die Wohnung, als ginge sie die Wohnung nichts an. Stinkwanzen haben zwar wie alle Baumwanzen einen Saugrüssel, aber mal kurz zum Dank für das Winterquartier die Bude durchsaugen oder die Krümel vom Frühstücksbrötchen auf dem Küchentisch wegschnurpsen – Fehlanzeige. Die Marmorierten Baumwanzen krabbeln einfach durch die Wohnung, warten unter Kissen und in Sesselritzen und tun dann immer mega überrascht und angegriffen, wenn sie gedrückt und gequetscht werden, und sondern als Antwort sogleich ihren Ekelmief ab. Wer sich schon mal erschöpft von einem langen Tag in sein Bett geworfen hat, um nach einem ersten Puffen und Knuffen des Kissens festzustellen, dass es hier stinkt, als hätte ein teuflischer Feind heimlich Hundekot unters Kopfkissen geschmuggelt, der wird der Definition als bloßer »Lästling« nicht viel abgewinnen können.

Sie selber mit einem Staubsauger wegzusaugen,

ist keine gute Idee. Der Staubsauger püriert die Wanzen in kleine Stinkpartikel und bläst das Odeur dann übers Abluftgebläse ins Zimmer. Genauso gut könnten Sie die Stinkwanzen auch in einen Zerstäuber tun.

Bei einer Freundin von mir haben sich mal ein paar Stinkwanzen in einen Wäschehaufen verirrt, der in einen Trockner getan wurde. Falls jemand die Hoffnung hegt, die Stinkwanzen hätten die Dreiviertelstunde Schleudergang hingenommen, ohne ihr Paniksekret abzusondern, den muss ich leider enttäuschen. Der Trockner stand wenig später mit »Zu Verschenken«-Schild auf dem Bürgersteig.

Und ich weiß von einer Hochzeit, wo sich der Bräutigam sehr überwinden musste, seine Braut zu küssen, nur weil sich im Tüllgewühl ihres Kleides eine Stinkwanze festgeklemmt und vor Angst in die Hose gemacht hatte.

Viele werden sich nun fragen: Sind wir diesen Rühr-mich-nicht-an-sonst-stinke-ich-dich-voll-Wanzen hilflos ausgeliefert? Können wir gar nichts tun, um die Verwanzung der Welt anzuhalten? Doch, können wir. Wir können alles, Fensterbretter, Türrahmen, mit Ammoniak abwischen. Den Geruch von Ammoniak mögen die Stinkwanzen gar nicht, was man ihnen nicht verdenken kann, denn auch Menschen mögen den Geruch von Ammoniak nicht wirklich. Aber man kann nicht alles haben im Leben.

Es sei denn, Sie wählen die alternative Variante und hören insgesamt auf, zu putzen und zu wischen in der Wohnung. Nicht zu putzen und schon gar nicht mit Staubwedeln durch die Ecken wedeln, kann den Wanzen das Leben schwer machen. Nicht, weil sie irgendwann mit ihren kleinen Beinchen im Dreck stecken bleiben, sondern weil dort in den ungeputzten Ecken nämlich die Zitterspinnen sitzen, zarte, sehr filigrane, kaum sichtbare Spinnentiere, die gar keine richtigen Netze weben, sondern nur so klitzekleine Signalfäden spannen, die ihnen mitteilen, ob da gerade eine fette Wanze die Wand hochlatscht. Ich möchte Sie nicht mit Details langweilen, aber einen Tag später liegt eine leere, trockene, komplett geruchlose Wanzenhülle am Boden.

Putzmittelhersteller hassen diesen Trick, aber wie heißt es so schön: Die Natur findet einen Weg.

Und doch wollen wir alle froh sein, dass es nur kleine Wanzen sind, die unter Stress ekelhafte Düfte absondern. Stellen Sie sich vor, es gäbe Kollegen in Ihrem Büro, die, sobald der Chef zu ihnen sagt: »Der Buchungsvorgang muss in einer halben Stunde fertig sein!«, anfangen, zu schnaufen, zu schwitzen und dann einen üblen Gestank abzusondern. Sie sagen, so was gibt es?

Dann wissen Sie ja jetzt, wie Sie sie nennen können, um sie nicht zu verletzen. Marmorierte Kollegen.

Der Sachalin-Staudenknöterich

»Gartenfreund Uhlig möchte euch etwas sagen«, kündigt der VV auf der Vereinssitzung an.

Gartenfreund Uhlig, früher Leiter der Kampfgruppe im Reichsbahnausbesserungswerk und Arbeitsschutzverantwortlicher, unter anderem dafür bekannt, dass er Lehrlingen gern mit dem Spruch »Was hast du denn hier für einen Fleck?« auf die Brust tippte, um den dann Niederblickenden an die Nasenspitze zu schnipsen, was ihn unmäßig freute.

»Ihr kennt mich.« Gartenfreund Uhlig erhebt sich. »Ich war nie faul. Bei mir war Ordnung im Garten. Wo ein Beet war, war ein Beet. Wo ein Weg war, war ein Weg. Mein Rasen war aus Gras und sonst nichts. Bei mir kam nichts hoch, was nicht hochkommen sollte. Ich habe nicht einfach dagesessen wie manche Gartenfreunde hier und zugesehen, wie das Unkraut aus den Ritzen kriecht. Ackerwinde, Wegerich, Franzosenkraut und Quecke, Schachtelhalm, Giersch, Hahnenfuß – sie alle haben keine zwei Blatt in meinem Garten bekommen. Ich war immer hinterher.«

»So ist es, Helmut!«, ruft jetzt Gartenfreund Katzsche zustimmend. »Bei dir ist immer klare Kante!«

»Und doch«, wehrt Gartenfreund Uhlig das Lob ab, »war es nicht nur Fleiß und Ordnungssinn, der mir die Hacke und den Fugenkratzer führte, sondern auch … Hochmut!«

Das letzte Wort hat GF Uhlig ganz entgegen seiner kernigen, aber doch nüchternen Art fast gerufen. Diejenigen der älteren Vereinsmitglieder, die im Verlauf der Sitzung schon etwas eingedämmert waren, schrecken hoch.

»Ja, Hochmut! Herabgesehen habe ich auf den Schachtelhalm und das Leberblümchen! Jawohl, herabgesehen! Nicht ahnend, dass eines Tages etwas kommen würde, um auf mich herabzusehen!«

Der Kopf fällt ihm nach vorn. Er sinkt etwas in sich zusammen. Der VV, der neben ihm sitzt, legt ihm stärkend die Hand auf den Rücken. Doch GF Uhlig ermannt sich erneut und spricht mit bebender Stimme: »Nach über fünfzig Jahren in dieser Kleingartensparte musste ich erkennen, dass es etwas gibt, das größer und mächtiger ist als ich und alle meine Gartengeräte. Was bleibt mir übrig, als nun mein Haupt in Demut zu neigen vor dieser Macht. Wer bin ich denn? Ein Kleingärtner bin ich!«, ruft GF Uhlig jetzt mit tränenerstickter Stimme. »Ein Kleingärtner im Sinne dieses Wortes. Zuerst nämlich klein, unendlich klein und dann erst Gärtner. Ich stehe hier vor euch, liebe Freunde, und bekenne: Höheres Wesen! Nimm alles, was ich habe, was ich hier angebaut und bestellt habe. Nimm alles!«

»Halleluja!« Gartenfreundin Urte springt jetzt auf. »Der Herr ist ein Schatten über deiner rechten Hand!«, und auch andere stimmen ein: »Gelobt sei der Herr in der Höhe!«. Frau Zetsche segnet sogar den einst so grimmigen Atheisten und ruft: »Gott schütze dich, Gartenfreund Uhlig!«

Eine Art evangelikaler Erweckungsstimmung durchdringt den Raum. Ich erwarte unmittelbar Erwachsenentaufen im Spülbecken der Vereinsküche oder eine sittliche Entgrenzung im Sinne der Adamiten, wofür ich allerdings unbedingt in die Nähe von Gartenfreundin Urte kommen sollte, damit wir hernach unsere bereits entkleideten Leiber in paradiesischer Unschuld vereinigen können …

Der VV besänftigt mit den Händen den Aufruhr und bittet, der Verzückung Einhalt zu gebieten und sich wieder setzen.

»Wenn Gartenfreund Uhlig hier von einem höheren Wesen spricht«, erläutert er, »dann meint er das leider sehr konkret. Das Wesen ist um einiges höher als er selbst. Es handelt sich um den Sachalin-Staudenknöterich in seinem Garten. Manche sagen auch Russischer Staudenknöterich, aber wir sollten diesen Begriff vermeiden, bis sich die Lage in der Ukraine in die eine oder andere Richtung geklärt hat.«

»Ich war sechs Wochen zur Kur!«, erläutert GF Uhlig aufgebracht. »Sechs Wochen! Vor meiner Hüft-OP und der Reha war der Garten picobello. Nicht ein Blatt von diesem Ungetüm war zu sehen. Und schaut euch jetzt meinen Garten an! Vier Meter ist der mittlerweile hoch!«

»Und ich dachte schon, was setzt der Helmut sich für komische Bäume in den Garten!«, meint Gartenfreundin Kulke.

Der VV klopft noch einmal seine Unterlagen vor sich auf dem Tisch zusammen, räuspert sich und hebt dann an, die bitte Wahrheit zu verkünden.

»Wir haben uns das gestern noch mal angesehen. Der Befall ist doch schon sehr weit fortgeschritten. Ich sehe keine Möglichkeit, das Wuchern dieses Unkrauts noch irgendwie zu bekämpfen. Das heißt …«, zögert der VV wie ein Arzt, der den endgültigen Befund, die letzte Auskunft, vor sich liegen hat, »… wir müssen der Wahrheit ins Gesicht blicken.«

Er schluckt kurz.

»Wir können nichts mehr für deinen Garten tun, Helmut!«

GF Uhlig sitzt nun da, gebrochen wie nie zuvor, und blickt starr in eine Zukunft, in der Unmengen an Trieben durch fein geharkte Beete und seine säuberlich gepflasterten Wege brechen. Er sieht sich sorglos auf dem Klappstuhl dösen, während neben ihm auf dem Beistelltischchen ein aufstrebender Staudenzweig das Buch zuklappt, dessen letzte Stelle er sich nicht gemerkt hat. Er sieht sich bäuchlings auf der Picknickdecke schlummern, während ihm die Spitze dieses Schnellkrauts ein Augenlid anhebt wie sein Enkelkind am Morgen.

»Wir haben noch nie einen ganzen Garten an ein Unkraut verloren!«, ruft jetzt Opi Powileit in einer Aufwallung vereinspatriotischer Gefühle. »Und wir werden auch jetzt keinen Garten an dieses Kraut verlieren! Wenn wir es alle wollen …«

»Richard!«, unterbricht der VV ihn schroff, »es ist vorbei! Es ist Sachalin-Staudenknöterich! Der Sachalin-Staudenknöterich verhandelt nicht!«

Der Sachalin-Staudenknöterich ist tatsächlich der King Kong und Godzilla zugleich unter den Unkräutern. Ein Kraut, so groß, dass die ersten europäischen Besucher der Insel Sachalin sich wie Gulliver im Land der Riesen vorgekommen sein müssen. Und was von dieser Insel kommt, hat es faustdick in den Wurzeln – Tschechow hat diesen berüchtigten Verbannungsort vor der Küste Sibiriens nicht ohne Grund als russische Schreckensinsel bezeichnet.

Wenn Sie beim Abholen ihrer philippinischen Internetbekanntschaft am Flughafen also sicherstellen wollen, dass die Betreffende Sie auch direkt im Gewusel erkennt, pflücken Sie am besten vorher einen Strauß Sachalin-Staudenknöterich und stellen sich damit in die Ankunftshalle. Alle werden Sie sehen, und sei es auch nur deswegen, weil Sie mit den Riesenstängeln gerade die Sprinkleranlage über sich ausgelöst haben. Einen Monsterstrauß Sachalin-Staudenknöterich zu bekommen, sollte kein Problem sein, denn er wächst praktisch überall, wo es Straßen gibt.

Es ist auf den ersten Blick ein bisschen rätselhaft, wie er sich hierzulande in den letzten dreißig Jahren so stark ausbreiten konnte, denn beinahe alle in Deutschland wurzelnden Sachalin-Staudenknöteriche sind alleinstehende Damen. Der Riesenknöterich ist zweihäusig und braucht Männchen und Weibchen, um seine beflügelten Samen zu befruchten. Aber wie in gewissen ländlichen Gegenden des östlichen Ostdeutschlands waren es die Weibchen, die sich einst von Sachalin aus aufmachten, um sich in anderen Ländern umzutun, während die weniger umtriebigen Männchen zurückblieben und traurige Trupps frustrierter Knöteriche bildeten, die ihre Pollen Herbst für Herbst umsonst in den Wind schlagen.

Weibliche Sachalin-Staudenknöteriche sind Ultrafeministinnen aus der Zukunft. Sie können sich ohne Männchen fortpflanzen. Ehrlicherweise können es die Männchen auch, denn Sachalin-Staudenknöteriche können nicht nur über dreißig Zentimeter (Hilfe!) am Tag wachsen, sondern bilden auch noch Wurzeln und Rhizome, die zwei Meter in die Breite und die Tiefe reichen. Zwei Meter! Das ist sehr viel, aber dennoch stellt sich die Frage, wie es dieses Ungetüm von Pflanze schaffte, sich, so rein vegetativ herumwurzelnd, an Straßenrändern und in Waldwinkeln derart großzügig auszubreiten, so dass es kaum ein paar Quadratkilometer in Deutschland gibt, wo sie nicht wuchert.

Die Antwort heißt: Erdarbeiten. Wenn Sie glauben, dass Sie viel unterwegs sind, dann fragen Sie mal Erde. Erde ist der pubertierende Jüngling unter den Materialien und will eigentlich nur eins – rumliegen. Aber seit es Bagger und Raupen, Radlader und Abraum- und Absetzcontainer gibt, kommt Erde mehr rum als Ihre reiselustigsten Bekannten. Unentwegt wird sie aufgenommen, umgeschüttet, abgekippt, zusammengeschoben, festgewalzt. Kaum, dass sie sich mal gesetzt hat, wird sie wieder weggeschaufelt und verladen. Hier wird eine Ortsumgehung gebaut, da wird die Rampe zu einer Autobahnbrücke aufgefüllt, ein Gewerbepark braucht plane Fläche. Die meiste Erde, gerade im runderneuerten Ostdeutschland, weiß überhaupt nicht mehr, wo sie herkommt. Heimatboden, heimatliche Scholle – da könnte Erde nur mit den Schultern zucken, wenn sie welche hätte. Für den Sachalin-Staudenknöterich und seine immer fruchtbaren Rhizome ist dieser Aushub und das Abschütten jedoch eine riesen Rundreise. Seine gleichgültig zerhackten und zerrissenen Pflanzenteile verteilen sich von Erdarbeit zu Erdarbeit, holen, wo immer sie gerade zum Liegen kommen, einmal tief Luft und treiben aus. Möglich, dass alle Sachalin-Staudenknöteriche in Ihrem Bundesland von ein und derselben, immer wieder zerhäckselten Pflanze abstammen. Ein Mensch, der die Sachalin-Staudenknöterich-Sprache spräche, würde bei einem einfachen »Staudi, bist du es?« erleben, dass sich alle Knöterinen nach ihm umdrehen, da sie sich alle angesprochen fühlen.

Was ich damit sagen will: Der VV hat recht.

Gartenfreund Uhlig hat fertig. Gegen den Sachalin-Staudenknöterich im Garten gibt es nur ein einziges Heilmittel: sich einen neuen Garten suchen.

Eine kleine Brise Häme liegt dennoch in der Luft. Dass gerade einer der korrektesten, ordentlichsten Kleingärtner des Vereins vom Monsterunkraut heimgesucht wurde, was für eine superbe Ironie des Schicksals. Nur GF Katzsche fragt noch einmal:

»Kann man denn so gar nichts tun?«

»Natürlich gibt es Mittel, Wege und Verfahren«, erklärt der VV, »aber wir sind ein kleiner Verein. Wir haben nicht das Geld, um den gesamten Garten auszuheben und mit neuem Erdreich aufzufüllen.«

Da wird hinten vorsichtig ein Finger in die Höhe gereckt. Es ist der Finger von Dr. Apel, der einen kleinen Garten am Rand des Vereins gepachtet hat, wo er Stockrosen züchtet. Dr. Apel ist seit Menschengedenken ledig und in einen hellen Leinenanzug gewandet, zu dem er im Garten oft einen Strohhut mit Kinnband trägt, das er besonders stramm zieht, wann immer Windstöße zu erwarten sind. Er ist von jener freundlichen Seltsamkeit, die alle Menschen haben, die sich nur mit sich und ihrem Fachgebiet beschäftigen.

»Man braucht nicht viel Geld, um so einen Garten auszuheben«, spricht er schüchtern aus seiner Ecke. »Man braucht eigentlich nur ein einziges Geldstück.«

Und so kommt es, dass ein paar sommerliche Wochen später der Garten von Gartenfreund Uhlig unter einem gewaltigen Sonnendach von zwei Dutzend schippender, kratzender und pinselnder Menschen erfüllt ist, die das Erdreich seines Gartens in mehreren Schichten bis in drei Meter Tiefe abtragen. Jeder Backstein, jeder rostige Nagel wird aus dem Boden extrahiert, gesäubert, fotografiert und abgelegt. Keine Wurzel wird vergessen. Nur gesiebte Erde kommt in den großen Container.

Baff bleibe ich vor dem Garten stehen, als der VV zu mir tritt.

»Was ist hier los?«, frage ich ihn. »Ich denke, wir haben kein Geld, um den Garten vom Staudenknöterich zu befreien?«

Der VV schiebt sich die Sonnenbrille auf der Nase ein Stück höher und meint:

»Ja, manchmal ist es verrückt. GF Uhlig hat unlängst beim Umgraben einen römischen Denar aus der Zeit des Germanicus gefunden. Sehr ungewöhnlich. Das würde bedeuten, dass die Römer bis nach Sachsen vorgedrungen wären. Eine Sensation sozusagen. Das Landesamt für Denkmalpflege hat gleich eine großräumige Ausgrabung angeordnet. Wird wohl ein paar Wochen dauern. Aber sie haben versprochen, den Garten danach wiederherzustellen.«

»Spannend«, sage ich, »weiß Dr. Apel davon? Arbeitet der nicht bei so einem Antikmünzhändler? Der hat doch ständig mit solchen Münzen zu tun.«

Der VV legt nun den Zeigefinger auf die Lippen und meint dann:

»Ich glaube nicht, dass das Landesamt für Denkmalpflege das wissen sollte.«

Kreuzi

Wenn meine Frau, eine der furchtlosesten, selbstständigsten Frauen auf diesem Planeten, ruft: »Kannst du bitte mal schnell kommen? Kannst du das hier mal wegmachen?«, dann weiß ich, dass es um Spinnen geht. Um Winkelspinnen, um Zitterspinnen oder Kreuzspinnen. Wenn es um Spinnen geht, verwandelt sich diese Krone des Frauentums in ein hilfloses, unzurechnungsfähiges Weibchen.

Als ich einmal keine Lust hatte, mich vom Lager zu erheben, und ihr vorschlug, sie könne das Tier auch mit unserem hochmodernen, batteriebetriebenen Langrohr-Staubsauger aus der Ecke saugen, sah sie mich an, wäre ich nicht ganz bei Trost.

»Bist du närrisch?«, meinte sie. »Wenn ich die absauge, wird die doch wütend und krabbelt nachts wieder raus aus dem Staubsauger oder dem Mülleimer und … und …«

»Und was?«, fragte ich.

»Ist doch egal!«, rief das Weib fast hysterisch,

»irgendwas Schlimmes. Krabbelt einem übers Gesicht oder irgendwo rein.«

Dazu muss gesagt werden: Die Wut von Spinnen wird überschätzt. Spinnen werden eigentlich nie wütend. Das wäre auch äußerst schlecht, denn Wut und Ausbrüche von Gereiztsein vertragen sich nicht mit dem Spinnenleben. Jeden Tag hangeln sie sich an ihrem Netz entlang und knüppern hier und da herum und bessern aus, was das Wetter oder eine Wespe kaputt gemacht hat. Einfach, weil es gemacht werden muss. Wenn sie bei jedem abgerissenen Faden explodieren oder ausrasten würden, wenn irgendein Knoten nicht hält, dann würden wir öfter Spinnen sehen, die ihre Netze vor Wut zusammenknüllen und drauf rumtrampeln. Das wurde aber noch nie beobachtet.

Sie merken schon: Ich mag Spinnen. Als Kind habe ich mich natürlich auch vor ihnen gefürchtet. Aber heute, als reifer Mann, kann ich dem Weben und Wirken von Spinnen meine Hochachtung nicht versagen. Ich persönlich glaube, dass der Anteil der Spinne am Fortschreiten der menschlichen Zivilisation sträflich unterschätzt wird. Wie anders soll denn der Mensch auf das Zwirbeln von Fäden und Flechten von Netzen gekommen sein, wenn nicht durch das Anschauen und Erleben der im Sonnenlicht glänzenden Netze der Spinnen und ihrer fleißigen Spinnarbeit? Spinnen sind immer da, wo Menschen sind, denn Menschen bauen Hütten und Häuser mit windstillen Dachschrägen und Kammerecken, und das lieben Spinnen. Draußen im Wald zwischen den Zweigen und Gräsern ist ja immer Geraschel und Gebläse. Da reißt die fein versponnene Seide alleweil entzwei. Frühzeitliche Spinnen müssen wie Jugendliche auf Klassenfahrt in Meck-Pomm gewesen sein. Jeden Morgen stöhnten sie: »Nerv, schon wieder kein Netz!«

Vielleicht haben die Spinnen den Menschen sogar ein bisschen auf die Sprünge geholfen, damit die nicht gleich wieder weiterziehen, sondern sesshaft werden und irgendwas Winkelhaftes, Windgeschütztes bauen, wo die kunstfertigen Netzwerkerinnen ihrer Netze sicher sein können.

Oder glaubt wirklich jemand ernsthaft, der Urmensch habe eines schönen Tages vor 30 000 Jahren auf einem faserigen Flachsstängel herumgekaut und sich plötzlich einen Faden aus den Zähnen gezogen und gerufen: »Das kann man doch verdrillen, und dann hat man eine schöne Schnur, um Pakete zu verschnüren, wenn die später mal erfunden werden!«

Nein, so war das gewiss nicht.

Der Mensch lag im Schatten eines Strauches, geweckt vom Brummen der Fliegen, die vom, sagen wir mal, Eigengeruch des ungewaschenen Wildbeuters angelockt worden waren, wütend wedelte er sie davon, und plötzlich sah er ein Spinnennetz über sich, in dem sich gerade so ein fetter Brummer verfangen hatte, und dachte: »Ein Fangnetz müsste man mal bauen! Wie machen die Achtbeiner das bloß?« Er schaute sich das an. Er schaute sich das ab. Er bastelte ein Netz und fing damit was ein. Einen Fisch zum Beispiel. Briet sich den und dachte, hier bleib ich. Morgen fang ich noch einen Fisch, den räuchere ich, und dann habe ich länger was davon. So wurde der Mensch sesshaft und baute sich Behausungen mit Hängematten und Webrahmen, in deren stillen Winkeln die Spinnen herrlich leben konnten. Das nennt man Co-Evolution.

Hundebesitzer kennen das.

Sie knurren »Scheiß Co-Evolution«, wenn sie bei Nieselregen mit ihrem Wuffi auf die Straße hinaus müssen.

»Wir müssen mal den Farn hinter der Hütte wegmachen. Der nimmt sonst überhand«, sagte meine Frau eines Tages, als ich mit den Händen auf dem Rücken den Garten inspizierte, als suchte ich nach etwas, was ich tun könnte.

»Geht nicht«, sage ich, »da hat Kreuzi, meine Kreuzspinne, ihr Netz gebaut.«

»Iiih!«, ruft meine Frau, »dann erst recht!«

»Nein«, sage ich, »wir müssen damit bis zum Winter warten. Kreuzi hat sich solche Mühe gegeben.«

Ich habe sie beim Umsetzen des Komposts entdeckt, wie sie – denn sie ist ein Spinnenmädchen – in der Ecke hinter der Hütte ein paar noch sehr ungelenke Fäden spannte. Sie purzelte sogar zwei-, dreimal fast herunter, so klein, wie sie damals noch war, aber dann hatte sie die Haltefäden verankert und bastelte in feinen Spiralen die Klebefäden drumherum.

Ich habe sogar eine ihrer ersten Beuten gesehen. Es war gleich eine fette grüne Schmeißfliege, und sie bekam sie kaum eingewickelt. Sie hat sie ungefähr so eingewickelt, wie ich Weihnachtspakete einwickele. Einmal rum, einmal quer und dann noch irgendeinen Knoten drauf. Meine Weihnachtspakete sind so unsachgemäß eingepackt, dass meine Frau einmal beinahe eine besonders lässig umwickelte Geschenkschatulle mit einem kostbaren Ring in den Papiermüll geworfen hätte, weil sie dachte, das sei alles nur Knüll und Tüll und Rest vom Fest. Man muss Kreuzi allerdings zugutehalten, dass sie ihre Fresspakete tatsächlich mit den Hinterbeinen einpackt, da die Spinndrüsen nun mal hinten sitzen. Meine Pakete sehen dagegen nur so aus, als hätte ich sie, ohne hinzuschauen, mit den Füßen eingepackt.

Also, Kreuzi und ich hatten gleich was gemeinsam. Sie wurde dann immer stärker und größer und machte ein Netz so groß wie eine Spitzenstola, womit sie sich allerdings ein Problem einhandelte. Sie fing einfach zu viel Beute. Sie kam gar nicht mehr hinterher mit dem Fressen und Verdauen. Manchmal war sie gerade dabei, eine Beute einzuwickeln, als es schon wieder »Krawumm!« in einem anderen Teil des Netzes machte, zum Zeichen, dass weiteres Essen eingetroffen sei. Manchmal kam auch ein kleines Männchen und zupfte zaghaft an ihrem Netz, zum Zeichen, dass es schnackseln wolle, aber sie hockte rülpsend in einer Ecke und hatte keine Lust, sich zu paaren. Kreuzspinnenmännchen, die übrigens immer kleiner sind als die Weibchen (was sie mir, nun ja, auch ein bisschen sympathisch macht), müssen an der Strippe ziehen, um die Weibchen auf sich aufmerksam zu machen. Denn Kreuzspinnen sind extrem kurzsichtig. Sie können als Kreuzspinnenmännchen einer weiblichen Kreuzspinne von einem halben Meter Entfernung aus Fratzen schneiden oder obszöne Gesten machen, sie wird es nicht bemerken. Das ist, nebenbei bemerkt, der Grund, warum sie diese feinen Radnetze spinnen. Sie müssen die Beute ins Netz rasseln fühlen, weil sie so schlecht sehen. Das Kreuzspinnennetz ist sozusagen das Hilfsmittel einer sehbehinderten Person, ihr einziger Kontakt zur Außenwelt. Denken Sie dran, wenn Sie das nächste Mal bedenkenlos Spinnweben wegputzen wollen! Jedenfalls hatte Kreuzi nie Bock, irgendwelche Männchen kennenzulernen. Nichts mit Anbändeln. Die konnten schön Leine ziehen.

»Wenn du die ganze Zeit nur im Netz rumhängst«, sagte ich da zu ihr, »lernst du aber nie 'nen Typen kennen! Magst du überhaupt Männer? Oder passiert da bei dir nichts?«

Bald kam wieder einer angekrabbelt auf Haltefaden fünf. Sie jedoch sah sich kurzsichtig den Spinnling an und drehte ihm dann den mittlerweile doch schon ganz schön dick gewordenen Hintern zu. Ich schimpfte mit ihr: »Du darfst nicht so eingebildet sein. Bald sind deine guten Wochen vorbei, und dann bist du ein spätes Mädchen, und keiner will dich mehr.«

Dies hörte mein Weib, als sie vertrocknete Pfingstrosen hinter mir klein schnitt.

»Machst du dir nicht ein bisschen zu früh Sorgen um unsere Tochter? Sie ist erst einundzwanzig. Lass sie doch erst mal in Ruhe studieren!«

»Nein, ich habe volles Vertrauen in unsere Tochter« – ich drehte mich um –, »ich spreche hier mit Kreuzi, unserer Gartenkreuzspinne.«

»Ach so. Alles klar«, sagte meine Frau mit einer

gewissen schnippischen Genugtuung, da sie nun endlich auch was beitragen konnte, wenn ihre Freundinnen bei Aperol das Thema »Mein Mann wird wunderlich, aber unser Rechtsanwalt meint, es reicht noch nicht für eine Vormundschaft« diskutierten.

Der Sommer ging dahin, Kreuzi war immer noch alleinstehend, und wahrscheinlich hatte sie sogar ein paar Zehntelgramm mehr auf den Hüften, als gut für sie war, als ich eines Tages entdeckte, dass sie ein Männchen umgarnt und eingewickelt hatte und dabei war, es aufzufressen.

»So war das nicht gemeint, als ich fragte, ob du überhaupt Männer magst!«, rief ich empört. »Du kannst nicht immer nur alles aufessen!«

Das war hart formuliert, und wahrscheinlich bekam sie davon die schlimme Schwermut. Alleinstehend, Übergewicht, Depression – wir kennen das. Kreuzi kümmerte sich nicht mehr ums Netz. Die Haftfäden gingen kaputt, ohne von ihr sofort wieder repariert zu werden, das Netz bekam Löcher. Fliegen machten sich einen Spaß daraus, hindurchzufliegen und zu rufen: »Fang mich doch! Ich flieg durchs Loch!«

Als ich wieder einmal Rasenschnitt auf den Kompost warf und mein Blick auf das vernachlässigte Netz von Kreuzi fiel, sah ich, dass sie ein paar

Babypakete unter das Dach gepinnt hatte und dabei war, sich in irgendeine Ecke zu verkrümeln, um den Weg alles Irdischen zu gehen.

»Jetzt verstehe ich«, meinte ich, »er war dein After-Sex-Snack. Dein Ernährer sozusagen. Er hat alles gegeben. Sogar sich selbst, nur, damit du Babys austragen kannst. Er war erst dein Liebhaber und dann dein Brotbeutel!«

Ich stand noch eine Weile sinnend da, während der laue Spätsommerwind das lose Netz flattern ließ.

Als ich am darauffolgenden Sonntag um zweiundzwanzig Uhr dreiundreißig wieder auf meine Seite des Bettes zurückfiel, sagte ich, immer noch etwas außer Atem: »Weißt du, was schön ist, Liebste? Dass ich dir vor bald dreißig Jahren ins Netz gegangen bin und immer noch da bin!«

»Das finde ich auch schön«, meinte mein Weib und küsste mich zart auf die Stirn.

Das Nutria

»Wir Schwemmlandpächter sind nicht einfach nur Kleingärtner«, verkündet der VV, während er Hacken und Spaten an die Teilnehmer dieses samstäglichen Arbeitseinsatzes austeilt. »Wir stehen in einer Linie, in einer Tradition mit den ältesten Gartenbaukulturen der Welt. Wie unsere Vorfahren im Zweistromland und dem Nildelta ringen wir unsere Kulturen dem Fluss ab. Dem Fluss, der gleichermaßen nährt und zerstört. Wir aber bändigen tatkräftig die raue Zunge der Parthe, die mal träge fließend, mal als wilder Strom unseren fruchtbaren Boden mit sich reißen will.« Nachdem er die letzte Hacke an GF Zielicke ausgegeben hat, bleibt er besonders aufrecht, vom Pathos seiner eigenen Worte durchdrungen, stehen und lässt den Blick über die Uferböschung schweifen, die wie jedes Jahr von Lümmelkraut wie Knöterich und Hopfen befreit, befestigt und aufgeschüttet werden muss. Vielleicht wünscht er sich gerade einen Pharaonenstab und einen Streitwagen, in dem er an unseren

Reihen vorbeifahren könnte, Aufmunterung und Lob verteilend und hier und da auch mal einen Peitschenhieb. Letzteres eher für mich, der ich gerade lässig ein paar Knöterichwurzeln ins Wasser geworfen habe, anstatt sie zum Häckseln in die Schubkarre zu legen.

»Gartenfreund Schwarz, was soll das werden, wenn's fertig ist?«, ruft er im schärfsten Ostdeutsch und eilt herbei. »Sind Sie noch recht bei Trost? Sie können doch derart infektiöses Pflanzenmaterial nicht einfach im Gewässer verklappen! Dreihundert Meter weiter treibt das an Land und bildet wieder Bestände! Da hätten wir aber ganz schön mit Zitronen gehandelt!«

Ich entschuldige mich. Aber mit Vergnügen. Wann wird man denn mit Ende fünfzig noch mal richtig ausgeschimpft? Wer weiß, wie viel Selbstbeherrschung es ihn gekostet hat, mir keine Kopfnuss zu verpassen?

»Die Schadwurzler kommen in die Schubkarre, und der gelockerte Boden wird danach mit den Füßen festgestampft«, erklärt der VV und trampelt vor mir zur Anschauung auf der schwarzen Böschungserde herum.

Dann ist er weg.

Urplötzlich.

So weg, als hätte er an Dr. No's Schurkentafel

gesessen und wäre als untauglicher Bösewicht per Knopfdruck samt Stuhl durch eine Falltür in den Orkus fallen gelassen worden.

»Verdammte Mistviecher!«, ruft er von weiter unten, »elende Sumpfbiber!«

Der VV ist eingebrochen und steckt bis zur Hüfte in der Böschung.

»Himmel! Hier ist alles untergraben«, flucht er, während er ungeduldig nach den Händen der umstehenden Gartenfreunde winkt, auf dass wir ihn herausziehen. »Ich dachte, wir wären die Plage los!«

Herausgehoben aus dem Loch kraxelt der VV jetzt, moddrig bis zur Hüfte, die Böschung hoch und überlegt, ob er den ganzen Arbeitseinsatz wegen Einbruchgefahr abblasen soll. Aber schließlich siegt der Wille zur Befestigung des Uferstreifens über den Gedanken an mögliche Opfer.

Mehr noch, so wie ich den VV kenne, würde für ihn ein Opfer das Vorhaben eher veredeln. Man könnte späterhin eines im Abhang versunkenen Gartenfreundes gedenken, ihm einen Stein setzen, Veranstaltungen abhalten, Schüler mit Gruß am Scheitel vorbeidefilieren lassen, die hernach geloben, so zu werden wie der Gartenfreund, der für die Uferböschung sein Leben gab und all das, was das ostdeutsche Herz so erfreut.

»Seid bloß vorsichtig!«, ruft der VV jetzt doch noch, aber eher lau, mehr so aus versicherungsrechtlichen Gründen. Als ich weiterhacken will, entdecke ich vor mir im schwarzen Erdreich die Sonnenbrille des VV, die er beim Sturz ins Leere verloren hat. Ich bringe sie ihm.

Mit den Worten »Danke, mein Freund!«, nimmt er sie und putzt sie mit dem sauberen Rest seines Hemdes. »Ich dachte wirklich, der strenge Frost hätte den Sumpfbibern hier endgültig den Garaus gemacht. Keine Ahnung, wie die das durch die drei Wochen klirrender Kälte im letzten Winter geschafft haben.«

Ja, ist tatsächlich ein Rätsel.

Sumpfbiber oder auch Nutria (eigentlich ist beides falsch, denn es sind weder Biber noch Otter, wie das spanische Wort Nutria nahelegt, sondern Monstermeerschweinchen) haben nur zwei Aggregatzustände: In einem Jahr sitzen sie überall rum an Kanälen und Bächen, und im nächsten Jahr sind sie weg, als wären sie nie da gewesen. Es ist ein bisschen so, als hätte man eine Halluzination gehabt. Es gibt immer entweder zu viele oder gar keine.

Die Nutrias kommen aus Südamerika und brauchen Wärme. Zu lange Kälte und zu viel Hunger bringen sie um. Sie siedeln hin und wieder im und am Flüsschen, das sich um unsere Gartenkolonie windet. Es sind friedliche Gesellen, die auf einem sonnigen Plätzchen unweit des Wasser hocken und gemütlich an einem Stück Wurzel kauen. Oder sie putzen sich und fahren sich eifrig mit dem Fingerkamm durchs Haar, nicht, weil sie eitel sind, sondern weil sie sich das Fett aus den Imprägnierdrüsen an Wange und After im Pelz verreiben, damit der schön wasserabweisend wird. (Haargeldrüsen gleich unter den Ohren! Südländische Männer können von so was nur träumen.) Wenn sie sich gestört fühlen, was selten genug vorkommt, da sie von einer beneidenswerten Unaufgeregtheit sind, verschwinden sie einfach im Wasser oder in einem der vielen Löcher, die sie in die Uferböschungen gegraben haben. Echte Panik, Trauma und so, sind den Nutrias wesensfremd. Sie paddeln durch die Kanäle, kraulen und planschen, und wenn mal außerorts ein Deichschützer mit Schrotflinte daherkommt und eines von ihnen wegputzt, dann tauchen sie kurz ab, kommen aber bald wieder hervor, und dann sagt ein Nutria zum anderen: »Du, ich glaub, die haben grad Schorsch erschossen!«, und das erwidert dann: »Ja, Mann, den hat's erwischt.« Dann meint das erste Nutria: »Kommt das Schrot, biste tot. Kannste nix machen!«, worauf sein Kumpel zurückgibt: »Ja, lass weiterschwimmen.«

Typisch Nutria eben.

Wir können also insgesamt viel vom Nutria lernen, was Gelassenheit gegenüber dem Tod und Konzentration auf das Wesentliche, sprich Vermehrung, angeht.

Nach strengen Wintern, in denen fast alle Nutrias bis auf ein paar kernige Exemplare erfroren sind, kommt dann so ein Nutriamännchen aus seinem Bau, den es sich in die Uferböschung gegraben hat – so stoisch und pragmatisch die Nager auch sind, Hanglagewassergrundstück bedeutet ihnen was –, streckt sich, schaut sich um und sieht weit, weit hinten an einer Biegung ein Weibchen mümmeln, das ebenfalls erfolgreich überwintert hat. Erfrieren tun die Ärmsten übrigens trotz ihres dichten Pelzes, weil ihr langer Schwanz komplett nackt ist. Ich habe das schon an anderer Stelle gesagt: Ein langer Schwanz ist, vor allem in unseren kalten Breiten, nicht immer von Vorteil!

Jedenfalls schwimmt das Männchen dann rüber und sagt: »Gundel, wir sind die beiden Einzigen, die es geschafft haben!« Und das Weibchen sagt dann: »Ja, Werner, denn komm mal bei! Wir müssen die Sippe noch mal von Grund auf neu hecken!« Und das männliche Nutria nickt nur und meint: »Wat mutt, dat mutt!«

Immerhin kein ganz so mühseliges Unterfangen bei drei Würfen pro Jahr mit durchschnittlich sieben bis acht Jungen pro Muttertier, die quasi fix und fertig auf die Welt kommen und auch gleich schwimmen können. Als wäre das nicht schon praktisch genug, haben Nutriamütter ihre Milchzitzen auch noch so weit oben am Körper sitzen, dass die Kleinen selbst beim Schwimmen gesäugt werden können.

Das heißt nun aber nicht, dass sie sich einfach nur treiben lassen.

Nein, Nutrias haben so einen kleinen Flitz mit, nennen wir es mal, Renaturierung. Überall, wo sie schwimmen und gründeln, buddeln sie ihre Baue in die Hänge und Böschungen, die alleweil einstürzen und die Uferlinie ausfransen. Das machen Nutrias besonders gerne, wenn der Wasserlauf schnurgerade ist. Gerade bei Entwässerungsgräben und Kanälen. Nutrias sind die schwimmenden Schüler vom Krümmungskünstler Friedensreich Hundertwasser. »Was ist denn das hier?«, denkt sich das Nutria, wenn es vor sich ein paar hundert Meter hart abgestochene Wasserkante sieht, bläht kritisch die großen Nasenlöcher und zwirbelt sich die enormen Schnurrbarthaare. »Das sieht ja völlig künstlich aus! Ein Ufer muss doch leben, atmen, sich bewegen! Hier muss wieder natürliches Gekräusel hinein.«

Deswegen wird das Nutria für einen schlimmen Feind des Deiches gehalten. Das ist es aber nicht unbedingt. Denn der Sumpfbiber hat nah am Wasser gebaut. Schon ein paar Meter landeinwärts, da, wo sich ja normalerweise der Deich erhebt, fühlt das Nutria sich nicht mehr sicher, weil Füchse zwar schlechter schwimmen, aber schneller laufen als das Nutria. Nutrias haben wohl Zähne aus Eisen (die typisch rostige, orangene Färbung der beiden Schneidezähne kommt von veritablen Eiseneinlagerungen), aber es sind eher Sicheln als Schwerter. Damit sichelt es rührig im Röhricht die Schilfwurzeln ab, und wenn es einen Schaden gibt, für den das Nutria voll verantwortlich ist, dann dieser. Ohne Rohr am Ufer schließlich auch kein Rohrspatz und keine Rohrdommel.

»Vielleicht könnte man alle Nutrias aufgrund des Eisengehalts ihrer Zähne mit einem sehr starken Magneten aus den Uferzonen ziehen«, sage ich eines Tages zu meiner Frau, als wir am gegenüberliegenden Ufer ein paar Nutrias mit ihren Apfelsinenzähnen hocken sehen. »Ich frage mich wirklich, warum da noch keiner in den entsprechenden Behörden draufgekommen ist?«

»Weil Bewerber bei der Unteren Naturschutzbehörde auch auf geistige Gesundheit untersucht werden«, erwidert meine Frau, und ich wende mich brüsk, wie immer in meinem Genie verkannt, von ihr ab.

Und doch bin ich sehr überrascht, eines Abends im September ein Nutria in meinem Garten zu sehen. Bestimmt vier Gärten vom Fluss entfernt. Es sitzt da und frisst die Blätter von meinen Sellerie. So ruhig, besonnen und entschlossen, als murmele es zwischen den malmenden Zähnen: »Macht ja sonst keiner.«

Ich wundere mich wirklich sehr, denn wir haben mindestens eine ziemlich erfahrene Füchsin in der Kleingartenanlage, die nicht lange fackelt, wenn sie ein Nutria sieht. Doch da ruft es vom Weg: »Kuckuck, hier bin ich!«

Ich drehe mich um. Opi Powileit steht am Zaun. Ich begreife sofort, dass er nicht mit mir Verstecken spielen will, weil, sonst hätte er sich ja wenigstens ducken müssen, sondern den ollen Sumpfbiber meint.

»Kennt ihr euch?«, frage ich.

Opi Powileit wackelt ein bisschen mit dem Kopf.

»Nicht direkt«, meint er, aber in diesem Moment hat ihn das Nutria schon entdeckt und kommt, ich würde sagen begeistert für Nutriaverhältnisse, auf ihn zugetappt.

»Ihr kennt euch doch!«, stelle ich fest.

Das Nutria klettert jetzt ein bisschen an Opi Powileits brauner Kordhose hoch und bleckt erwartungsvoll die orangefarbenen Vorderzähne. Opi Powileit muss ein bisschen lächeln und entblößt seinerseits die auch nicht wenig gelb verfärbten Vorderzähne eines leidenschaftlichen Rauchers, so dass es wirkt, als träfen sich zwei Vertreter vom Stamme der Karottenzahnmuckel, nur in unterschiedlichen Größen- und Pelzausgaben. Weil das Nutria jetzt, interessiert schnuppernd, um seine Hosenbeine herumlugt, kann Opi Powileit die Möhre nicht länger verbergen, die er hinter seinem Rücken versteckt hat.

»Powileit, du fütterst die!«, rufe ich. »Das ist verboten! Wegen dir kommen die über den Winter!«

»Es geht nicht anders«, seufzt Opi Powileit, knackt die Möhre entzwei und gibt dem Tier eine Hälfte. Das setzt sich sofort kommod auf seine Hinterpfoten und schnurpst mit seinen Karottenzähnen allerliebst die Rübe aus seinen Vorderpfoten in das Mäulchen.

»Sie verrecken im Winter. Verhungern, erfrieren. Völlig umsonst. Es ist ein Irrsinn«, sagt Opi Powileit sichtlich bewegt.

»Ich weiß«, sage ich. »Und das ist auch gut so. Weißte, was hier sonst los wäre? Man könnte nicht mehr treten vor Nutrias!«

»Das weiß ich wohl, aber das ist doch wirklich schade um die Tiere. Und denk auch mal dran, bald ist Weihnachten!«

Es wundert mich doch, dass ein alter, knorriger, unsentimentaler Mann wie Opi Powileit schon so früh im Herbst weihnachtliches Mitgefühl zeigt. Aber Opi Powileit ist schließlich aus Ostpreußen vertrieben worden, und wer weiß, was ihm bei der Flucht übers Frische Haff widerfahren ist. Vielleicht erinnert ihn das eisige Schicksal der Nutria an …

»Du musst die unbedingt mal probieren!«, sagt er aber dann, »besonders schön mit Kartoffelstampf, Soße und Pilzen. Das ist so ein Festtagsbraten. Viel besser als Karnickel!«

Eben noch der gütige alte Weihnachtsmann aller Flussmeerschweinchen, verwandelt sich Opi Powileit vor meinen Augen in den Fritz Haarmann der Nutrias, den Sumpfbiberschlächter von Leipzig. Und ich dachte immer, er hätte Kartoffeln in seinem Heimkehrerrucksack, wenn er hier am Garten vorüberging.

»Das ist nicht dein ernst?«

»Doch, und die Schwänze schicke ich meinem Enkel nach Friesland. Da gibt es eine Schwanzprämie vom Amt. Weil die da die vielen Deiche haben. Zehn Euro kriegste, wenn du einen Schwanz vorzeigen kannst. Also den vom Sumpfbiber. Wir machen Hälfte-Hälfte.«

»Aber das ist Betrug! Du kannst doch deinen Enkel nicht original sächsische Nutriaschwänze als friesische verkaufen lassen!«

»Das ist kein Betrug. Das ist Länderfinanzausgleich.«

Dann geht er und hält die andere halbe Möhre lockend in der Hand hinter seinem Rücken.

»Geh nicht mit dem fremden Onkel mit!«, warne ich nun das Nutria, aber es hört nicht auf mich und wackelt gemütlich dem Leckerbissen hinterher.

Bald ist Weihnachten. Ein Hirschbraten kostet vierzig Euro. Minimum. Wenn ich vier Nutrias rechne für die gesamte Familie und die Schwänze verkaufen lasse im Land der Schwanzprämie, würde ich bei einem Hälfte-Hälfte-Geschäft immer noch zwanzig Euro auf der Habenseite verbuchen. Kriegt man schon einen sehr guten Rotwein dafür. Und den Braten umsonst. Und die Böschung hat auch was davon. Nutrias gibt es ja immer wieder. Aber unsere Böschung gibt es nur einmal.

Das Berufkraut

Wenn die Dahlien auf unserem Mittelbeet mit ihren gefüllten Blüten prunken wie auf einem niederländischen Stillleben des siebzehnten Jahrhunderts, schießt immer ein dünnes Gestrüpp zwischen ihnen hoch, das aussieht, als hätte jemand mit einem grünen Stift auf dieses Blumengemälde gekrakelt. Es ist Erigeron annuus (vergessen Sie bitte nie, dass es mit Doppel-n und Doppel-u geschrieben wird), das frühvergreiste Einjährige (so die Übersetzung aus dem Griechischen und Lateinischen) Berufkraut oder auch Feinstrahl, wie es freundlich gesinnte Gartenfreunde nennen.

Am Feinstrahl scheiden sich die Geister.

Ich persönlich mag ihn nicht so besonders, denn er sieht aus wie eine magersüchtige Kamille, aber es gibt auch Gartenfreunde, die von so niedrigschwelligem Entzücken sind, dass ihnen schon so ein fades, kleines weißes Zahnrad von Blüte das Herz aufgehen lässt.

Einjähriger Feinstrahl klingt wie der Segenswunsch eines Urologen, ist aber einer der erfolgreichsten Neophyten des Planeten. Ursprünglich dort heimisch, wo Südkanada und Nordamerika aufeinandertreffen, hat sich das Einjährige Berufkraut über die ganze Welt verbreitet. Wenn Sie in einer Gegend leben wollen, wo Sie vom Einjährigen Berufkraut verschont werden, müssen Sie Polarforscher werden oder sich zu einer Marsmission anmelden.

Gut, werden Sie sagen, was soll das Berufkraut auch anderes machen, es ist halt Kraut von Beruf. Laien- und Freizeitkräuter, die können hier und da mal nach Belieben wachsen, gucken, ob ihnen das Spaß macht oder »etwas gibt«, im Kaukasus oder in Neuseeland zu siedeln, und es dann auch wieder lassen. Aber Berufkräuter müssen von Berufs wegen ernsthaft und systematisch an die Vermehrung herangehen.

Da muss ich Sie korrigieren. Der Name Berufkraut kommt von Berufen, also vom mittelalterlichen Wort für Beschwörung, und wir wissen alle, dass Berufung ein Fluch sein kann, wenn sich jemand aus der Verwandtschaft zum Beispiel zum Verseschmied berufen fühlt und jede Familienfeier mit seinen Gedichten heimsucht (»Du, Oma, bist jetzt siebzig Jahr / Wir sehen es am grauen Haar / Du kannst den besten Kuchen backen / Und gehst gern unter Buchen … wandern!«). Gegen diese Art von Berufen, glaubte man früher, sei ein Kraut gewachsen, oder auch zwei und mehrere, und wenn Sie, verehrte Leserin, nicht in die Zweigstelle Ihrer Bank in Ostvorpommern »berufen« werden wollen, dann sollten Sie ein paar Berufkräuter in einem Amulett auf der Brust tragen. Das wird die Aufmerksamkeit Ihres Vorgesetzten von Ihrer mangelnden Performance auf andere, hervorragende Teile Ihrer Persönlichkeit lenken, und so bleiben Sie auf magische Weise dem Team in der pulsierenden Hauptstadt erhalten.

Unter all den vielen Berufkräutern, die man zu obigem, zauberischem Zwecke verwandte, heißt das olle, Einjährige, frühvergreisende Berufkraut so, weil seine abgeblühten Blüten so struppig und grau sind, wie Haare eines Greises früh am Morgen, wenn der Pflegedienst unten am Auto noch eine raucht. Im Garten, wie gesagt, ist das Kraut eher Geschmacksache als Last. Draußen auf den Wiesen ist es jedoch die weiße Pest. Das hat damit zu tun, dass das Vieh es nicht fressen mag und also stehen lässt, und damit, dass das Einjährige Berufkraut sehr fies werden kann, wenn man es schneidet.

Niemand mag es, geschnitten zu werden, aber kaum jemand reagiert darauf so, wie das Einjährige Berufkraut. Es wird nämlich auf der Stelle mehrjährig und blüht noch mehr und früher. Beim Versuch, es zu begrenzen, wird es geradezu rasend in seiner Vermehrung. Ja, man kann fast sagen, dass die untauglichen Versuche, es einfach wegzumähen, es erst überhaupt auf Trab gebracht haben. Wir dürfen hier einen tiefen Blick in die Natur des Lebens werfen und müssen begreifen, dass Nachteil und Beschränkung nicht immer nur deprimieren und kleinhalten, sondern bisweilen die Lebenskräfte nun erst recht zum Sprudeln bringen.

Ich möchte hier meinen Mitmenschen zurufen: Seid wie das Einjährige Berufkraut! Wo man euch kleinhalten und unterdrücken will, da verdoppelt eure Energie! Doch bevor ich mich noch über eine imaginierte Kanzel beuge und predige, dass uns der Herrgott den Feinstrahl zum Gleichnis darbietet, komme ich zurück auf die ökologischen Nachteile. Das Einjährige Berufkraut macht sich lang und breit und zeigt uns überall auf Hängen und Wiesen seine furzlangweiligen, nur so eben gerade mal mittelschönen Blüten an den mageren Stängeln. All die schöneren, interessanteren, selteneren Blütenpflanzen bleiben darunter zurück und sind dann eines Tages weg. Stellen Sie sich einen Klub oder eine Diskothek vor, wo Hunderte nur so eben Mittelschöne dicht an dicht rumstehen und ihre pflegeleichten Frisuren im Takt schütteln, so dass Sie die wohlgelockte Allerschönste in der Menge nicht mehr finden können. Jetzt wissen Sie, wie es auf unseren Ruderalflächen zugeht!

Aber wir sind nicht hilflos im Kampf gegen diese Hydra. Wo das Rasenmähen nicht hilft, sondern alles nur noch viel schlimmer macht, muss der andere große Vernichter her, den die Menschheit im Angebot hat – der Hype! Wie es im Volkslied heißt: »Junge Influencerinnen / winken und beginnen / frohen Erntetanz!« Überall, auf Instagram und TikTok müssen die Onlinebotschafterinnen unserer Zeit Feinstrahlkränze aus (Achtung!) mit der ganzen Wurzel ausgerissenen Berufkräutern im Haar als modisches Accessoire zur Sommerzeit binden und propagieren. Auch im Wohnbereich muss stets ein frisches, (Achtung!) mit der ganzen Wurzel ausgerissenes Feinstrahlgebinde als Willkommen für die unzähligen Gäste über der Tür hängen. Im Schlafzimmer als Fruchtbarkeitssymbol sowieso. Wenn dann noch das »ansprechende« mit der (Achtung!) ganzen Wurzel umwickelte Feinstrahlsträußchen im Revers jedes Mitarbeiters dem Kunden ein herzliches »Bitte, sprechen Sie mich an!« signalisiert, dann sollte es schon bald leerer werden auf den Wiesen.

Werden Sie Feinstrahlausreißer! Anstatt giftige Luftfracht-Prachtrosen aus Kenia zu kaufen, um

Ihrer Liebsten zu zeigen, dass Ihnen Arbeitsbedingungen und ökologischer Fußabdruck völlig egal sind, reißen Sie einen Strauß Feinstrahl aus der nächsten Wiese zum Zeichen, dass Sie Ihrer immer noch vitalen Mittelschönheit eine angemessene Blume widmen wollen!

Machen Sie sich immer klar: Das Einjährige Berufkraut blüht und gedeiht nur auf dem Boden unserer Ideenlosigkeit! Die meisten Lebewesen auf dieser Welt können sich nur so hemmungslos ausbreiten, weil wir, die gefräßigste Art auf dieser Erde, keine Verwendung für sie haben!

Der deutsche Regenwurm

»Das ist kompletter Unfug. Du machst das alles falsch«, schimpft Schwiegervater, langt nach meiner Angel und fädelt mit seinen klobigen Fingern einen neuen Regenwurm überraschend geschickt auf den Haken. »Der Wurm wird am Nacken eingehängt. So bleibt er hübsch kregel und fängt besser.« Ich wende ein, dass ein Wurm keinen Nacken hätte, aber Schwiegervater meint nur, ich solle hier nicht schlaumeiern, er mache das seit achtzig Jahren so, und sein Vater und sein Großvater hätten das auch schon so gemacht. Beim Aal-Angeln gäbe es nichts Besseres als einen Wurm, und auch der Zander verschmähe den Wurm nicht, wenn er recht fein aufgehängt und eben kregel sei. Ich aber hätte meinen Regenwurm auf den Haken geschoben, dass er ausgesehen habe wie ein Wurstring. Den kriege ein Raubfisch nicht mal als Beute mit, wenn er dagegenschwimme.

Ich bereue es fast ein bisschen, mit dem alten Weißbart ans Gewässer gegangen zu sein, aber die

Frau hat mich gebeten, denn Schwiegervater hat zwar noch den Wurmdreh raus und einen blitzschnellen Anhieb, wenn der Aal beißt, aber die Füße sind nicht mehr so hurtig, und wir wollen ihn ja nichts ins Wasser fallen sehen.

»Ein Wurmknäuel, richtig aufgehängt, bringt sogar große Räuber an den Haken. Mein Urgroßonkel Hermann, der nach Kanada ausgewandert ist, hat mit seinem berühmten Wurmknäuel 1859 im Fraser River einen Fünfzig-Kilo-Lachs gefangen. Stand sogar in der *Vancouver Island Gazette*«, spricht er und reißt zackig an der Angel, wo aber nur ein Barsch angebissen hat.

»Ist der erste Fisch ein Barsch, ist der ganze Tag im Arsch!«, meint Schwiegervater, fummelt den Barsch vom Haken und wirft ihn wieder zurück, obschon er eine Größe hatte, mit der zumindest ich mich zufriedengegeben hätte. Aber klar, Meisterangler wie Schwiegervater, der mit seiner Bambus-Stippangel nach der Wiedervereinigung ganze niedersächsische Seen vor den Augen der westdeutschen Möchtegernfischer mit ihren teuren Ruten und Hüten leer geangelt hat, gibt sich natürlich nicht mit einem pfannengroßen Barsch zufrieden.

Vielleicht bekomme ich ihn ja ein bisschen aus seinem behäbigen Anglerstolz gelockt.

»Hatte er Kinder?«, frage ich.

»Wer? Der Lachs?«, fragt Schwiegervater zurück.

»Nein, der Urgroßonkel.«

»Das weiß ich doch nicht.«

»Wäre aber wichtig.«

»Was soll daran wichtig sein, ob mein Urgroßonkel Kinder hatte?«

»Vielleicht bist du ja sein Erbe?«

»Könnte sein«, brummt Schwiegervater, »vielleicht gehört mir noch ein Sägewerk in Kanada. Er war ja von Beruf Holzfäller. Du meinst, ich sollte mich mal erkundigen? So als möglicher Erbe?«

»Nein, würde ich dir eher von abraten«, sage ich, »möglicherweise ist dein Urgroßonkel nämlich der

Regenwurm-Mann Nummer eins, nach dem die kanadische Regierung gerade so fieberhaft fahndet.«

»O Gott, warum suchen die denn einen Regenwurm-Mann? Was hat der denn getan?«

»Der Regenwurm-Mann Nummer eins ist verantwortlich für einen Schaden von 9,4 Milliarden Dollar.«

»Wie bitte?«

»Ja, auf 9,4 Milliarden Dollar beläuft sich der Schaden, den der Mann verursacht hat, der als Erster einen Regenwurm in Kanada aussetzte. Und es klingt ganz so, als wenn das der berühmte Hermann gewesen sein könnte.«

»Ja, aber der ist nur mit seinem Rucksack ausgewandert!«

Ich weise auf Schwiegervaters Angelrucksack.

»Da kann eine Büchse bester deutscher Regenwürmer drin gewesen sein. Regenwürmer halten sich ewig, wenn sie es nur ein bisschen feucht haben. Eine Schiffspassage überleben sie auf alle Fälle.«

»Da ist was dran. Aber wie kommen die denn auf diese 9,4 Milliarden Dollar?«

»Regenwürmer sind Schnellkomposter.«

»Wohl wahr«, meint Schwiegervater, der immer eine Handvoll auf jede gesetzte Schicht im Komposthaufen tut.

»Die kanadischen Wälder kannten aber bis zu deinem Urgroßonkel Hermann keine Regenwürmer.«

»Du tust so, als wenn das schon eine bewiesene Tatsache wäre.«

»Es deutet jedenfalls alles darauf hin. Wie auch immer. Die borealen Wälder Kanadas, fast drei Millionen Hektar, kompostierten seit der Eiszeit ohne Regenwürmer vor sich hin. Immer schön mit der Ruhe. Immer gemächlich. Ein Kohlenstoffspeicher von planetarischem Ausmaß. Man kann sagen, dass die kanadischen Wälder mit ihrem satten, nur sehr, sehr langsam verrottenden Waldboden das Klima in Schach hielten. Doch dann kam Hermann, dein Urahn.«

»Hör doch mal auf jetzt!«

»Jeder Hektar Kanadawald speicherte nach heutigen Werten für 744 Dollar Kohlenstoff. Doch die von deinem Urgroßonkel Hermann heimtückisch eingeschleppten und mutwillig freigelassenen Regenwürmer haben bereits zehn Prozent dieser gigantischen Waldmasse untergraben und durchwühlt, so dass der dort gebundene Kohlenstoff freigesetzt wurde!«

»Aber doch nicht wegen ein paar ausgesetzter Regenwürmern!«

»Du weißt besser als ich, wie schnell die sich vermehren.«

Schwiegervater nickt knapp, mit zusammengepressten Lippen.

»Kohlenstoff im Wert von 9,4 Milliarden Dollar«, fahre ich fort, »wurde seit der Ankunft der deutschen Regenwürmer als CO_2 in die Atmosphäre entlassen, heizte dort das Klima auf. Deine Enkel und Urenkel könnten noch immer jeden Winter durch Tiefschnee rodeln und Schneehütten bauen, wenn dein berühmter Urgroßonkel, der prahlerische und für alle Zeiten in der Zeitung dokumentierte Regenwurmangler nicht seine Wurmbüchse im borealen Nadelwald ausgekippt hätte! Er hat die Erderwärmung verursacht! Im Alleingang! Da sind all die Milliarden, die die kanadische Regierung jetzt von seinen Nachkommen einfordern will, ein Klacks dagegen!«

Schwiegervater schwitzt jetzt ein bisschen, als wäre die Klimaerwärmung gerade bei ihm angekommen.

»Aber das kann man doch heute unmöglich so genau zurückverfolgen, oder?«, fragt er besorgt.

»DNA-Analysen machen es möglich! Regenwürmer aus Sachsen-Anhalt unterscheiden sich von ihren Brüdern und Schwestern in anderen Bundesländern in einigen winzigen Gen-Abschnitten. Man kann heute mit modernster Technik also die Regenwurmpopulationen in Kanada auf einen einzigen Entnahmeort in Sachsen-Anhalt zurückführen. Wenn man dann noch die Auswandererlisten hernimmt und die Herkunft jedes Holzfällers überprüft, sollte es in Kürze möglich sein … Was ich sagen will, ist, du solltest mit der Sparkasse sprechen, ob die deinen Dispo um 9,4 Milliarden aufstocken können. Nur so. Für alle Fälle.«

Schwiegervater muss das alles erst mal sacken lassen.

»Meinst du, ob es sich lohnt, jetzt noch einen anderen Namen anzunehmen? Den meiner Frau vielleicht? Um die Spuren zu verwischen?«

»Ich würde das zumindest in Erwägung ziehen. 9,4 Milliarden sind kein Pappenstiel. Vielleicht wechselst du auch noch das Geschlecht. Geht ja heute leicht.«

Schwiegervater sieht mich skeptisch an.

»Ist das wirklich alles wahr? Oder erzählst du mir hier irgendeine Geschichte?«

»Beides«, sage ich und zwinkere ihm kurz zu, damit sein Puls sich wieder beruhigt.

»Blödmann«, meint Schwiegervater, greift aber neben sich und tastet nach der Regenwurmbüchse, ob die wirklich zu ist.

Nachwort oder Die ganze Welt ist ein Garten und Heimat ist Prozess

Fiese Viecher ist ein Buch über versehentlich eingeschleppte oder willentlich ausgesetzte Tiere und Pflanzen, aber bevor auch Sie jetzt seufzend das Buch zuklappen und den Untergang des Abendlandes beklagen, wie es gerade bei meinen älteren Kleingartenvereinskollegen so oft der Fall ist, muss ich Sie darauf hinweisen, dass Sie heute mit Ihrem Morgenkaffee, dem Tomatensalat, dem Truthahnbraten samt Kartoffelbrei und den Speckbohnen und der Handvoll Erdnüsse am Abend schon fast so viele neue Arten zu sich genommen haben, wie in diesem Buch zur Sprache kamen. Und Sie haben es genossen, geben Sie es zu! Seit Kolumbus über den Atlantik irrte, um die Welt endlich so rund zu machen, wie sie wirklich ist, geht es auch mit den Tieren und Pflanzen hin und her. Bedenkenlos setzten europäische Seeleute Ziegen, Schweine und Kaninchen auf unschuldigen Inseln und unvorbereiteten Kontinenten aus, sozusagen als einen sich selbst erhaltenden Proviant für Nachfolgende.

Blumenfreunde und Tierforscher nahmen alles mit, was in ein Schiff passte, um damit Zoos und Botanische Gärten oder heimische Zimmer zu füllen. Und allzu oft brachen die Mitbringsel aus den ihnen zugewiesenen Bezirken, Beeten und Käfigen aus, heute umso mehr, da das wärmere Klima auf ihrer Seite ist. Das hat ganze Habitate und ökologische Nischen durchgerüttelt, und wer ein Empfinden für diese kleinen Katastrophen hat, wird demütig eine Lehre daraus ziehen: Der Mensch kann die Folgen seines Handelns nie ganz überblicken. Andere werden sich wiederum fragen, ob man denn nicht die gute alte Heimat wiedergewinnen kann. Meine Antwort ist Nein.

Vor vielen Jahren erzählte mir der großartige Geobotaniker Hansjörg Küster einmal die Geschichte, wie die Nationalsozialisten gleich nach der »Machtergreifung« eine Kommission einsetzten, die Bäume zur Beschattung der neuen Autobahnen auswählen sollte. Natürlich sollten es ganz im Geiste des völkischen Wahnsinns kernige, urdeutsche Bäume sein. Die Kommission kam jedoch zu keinem Ergebnis, und selbst das Tausendjährige Reich hätte am Ende nicht gereicht, denn so was wie einen deutschen Baum gab und gibt es nicht. Alle Bäume waren irgendwoher gekommen, eingeschleppt und verbreitet worden.

Heimat ist eben eher ein Prozess als ein Zustand. Das heißt aber nicht, dass man allem Wandel tatenlos zusehen soll. Gärtner, selbst Kleingärtner wie ich, wissen, dass sie wählen, was wachsen darf und was nicht. Sie sind die Türsteher des Pflanzenklubs auf ihrer Parzelle. Und das Gärtnerische selbst ist denn auch die Antwort auf die Verwüstung der Welt durch Monsterpflanzen und allzu gewitzte Räuber. Die ganze Welt ist ein Garten, und sie braucht an jedem Platz ein paar Leute, die ihn hegen und pflegen. Schütteln Sie also nicht den Kopf über dieses oder jenes überhandnehmende Kraut oder dieses oder jenes freche Vieh. Zeigen Sie Ihnen einfach, was eine Harke ist!

© Stefanie Fiebrig

Stefan Schwarz, geboren 1965, Journalist, Schriftsteller und Drehbuchautor, verbrachte seine Ferien im üppigen Bauerngarten seiner Großeltern, wo er sich mit Knupperkirschen, Zuckererbsen und Johannisbeeren vollstopfte. Die Erinnerung an diese Zeiten der Fülle bewogen ihn 30 Jahre später, eine Kleingartenparzelle zu pachten. Von diesem Unterfangen berichtet er in *Der kleine Gartenversager. Vom Glück und Scheitern im Garten* (Aufbau 2019).

Katharina Greve, geboren 1972, studierte Architektur und lebt als Zeichnerin in Berlin. Ihr Webcomic *Das Hochhaus* erhielt 2016 als bester deutscher Comicstrip den Max und Moritz-Preis. Eigenes Grün hat sie nie besessen, bezeichnet sich selbst aber als »Gartensympathisantin« und trainiert für den Ernstfall täglich an ihren Balkonpflanzen.